# 一辈子很长，要活出高级感

吴静思

著

中国 友谊出版公司

# 目录

录

第一章

聪明女人活得更有"高级感"

## ♀ "高级感"，关脸什么事？

*只有"高级脸"才配称为"高级感"？

*"高级感"女人的共性

1929 年 5 月 4 日，在比利时的首都布鲁塞尔，一个女婴诞生了。

她的父亲是一位银行家，母亲是贵族后裔，出生在小康之家的女孩自小过得不错，生活富足。她按部就班地读小学、学芭蕾，远离饥饿和劳苦。但这样的运气并不是一直都有的。

在她 6 岁时，父亲就因为信仰抛弃了她和母亲，远走他乡，她跟随母亲回到母亲在荷兰的娘家，本想获得一丝安稳，但第二次世界大战爆发后被纳粹占领的荷兰让她们难以如愿。由于母亲的家族被认为带有犹太血统，原本十分富裕的母亲一家被视为帝国的敌人，不但财产被占领军没收，她的舅舅还被处决，母女俩的贵族生活就此结束，从此被迫过着贫困的生活。

　　究竟有多贫苦呢？她的儿子在回忆录中写道："她告诉我们她的哥哥是如何吃下狗粮的，因为除此之外没有别的可吃。其他人吃郁金香的鳞茎，因为没有蔬菜。当时的面包都是绿色的，因为没有可以磨成面粉的小麦，只能用豌豆粉来制作面包。有时候我的母亲需要一整天都躺在床上，通过看书来忘记阵阵袭来的饥饿。"

　　更悲惨的是，她不仅要承受身体上的痛苦，还要承受精神上的痛苦。她成为首席芭蕾舞女演员的梦想从此破灭了。虽然她在很小的时候就开始练习芭蕾舞，即便是在战争时期也一直没有中断，但在那样的浮沉社会，想要安心接受专业训练很难。所以，当战争结束后，她拜访名师刻苦学习，但老师告诉她，她已经错过了练习芭蕾最佳年龄，不管她在训练中多么努力，已经定型的动作基本上不会发生改变。此外，与当时所有的男芭蕾舞演员相比，她也太高了。那个时代的男芭蕾舞演员都比较矮小，在与她搭档时没有力量完成最基本的托举动作。而且，长时间的饥饿影响到了她肌肉的发育，与那些在战争期间可以维持正常生活与训练的女孩相比，她确实不具备竞争性。

　　这世上，比没有梦想更痛苦的是曾经有过梦想，却难以实现。

俗话说，上帝为你关上了一扇门，必然会为你打开一扇窗。她的芭蕾舞梦想破灭了，但演艺之路却朝她挥手，谁也没想到这个家庭破碎，瘦弱的、饱受战乱饥苦的女孩将来会成为一代巨星。姣好的面容和长期练舞所带给她的气质，让她顺利成为一名演员。她当过兼职模特，跑过龙套，演过一些小角色和舞台剧，三四年后就被伯乐慧眼识珠，从欧洲到美国开辟了自己的新天地。《罗马假日》《蒂凡尼的早餐》《窈窕淑女》等经典银幕形象让她成为当之无愧的头号女星。

她就是奥黛丽·赫本。集奥斯卡最佳女主角、托尼奖最佳女主角、美国电影金球奖最佳女主角和美国演员工会奖终身成就奖等多项荣誉于一身的女演员。

如果奥黛丽·赫本止步于此，她最多算是一位著名的女演员，容貌出众、塑造过经典形象、拿过大奖的女星在演艺圈大有人在，但她在病逝25年后还被人津津乐道，让人愿意把一切有关美好的形容词都放在她身上，自然不只是因为她演艺事业上的成功。

1998年，美国电影学会（American Film Institute，简称AFI）要从500名20世纪美国电影界的明星中，评选出50名最伟大的明星，要求必须在1950年之前已出道，男女各25名，奥黛丽·赫本名列第三位。这个奖项是对她为演艺事业做出贡献的褒奖。1992年12月，当时的美国总统克林顿为她颁发了"总统自由勋章"，这是美国最高的平民荣誉，向在科学、文化、体育和社会活动等领域做出杰出贡献的平民颁发。

不仅如此，在她病逝后的第10年，2002年5月，联合国儿童基金会在纽约总部为一尊7英尺高的青铜雕像揭幕，雕像名为"奥黛丽精神"（The Spirit of Audrey），以表彰赫本为联合国做出的贡献。

为什么从美国总统到联合国都去表彰和纪念这位女演员呢？

50多岁时，奥黛丽·赫本逐渐淡出影坛并出任联合国儿童基金会的爱心大使，开始不遗余力地唤起社会对落后国家儿童生存状况的关注。因为她曾在战乱时受其恩惠，所以不遗余力地奉献自己。

在这个职位上任职的她并没有走形式、捞名声，而是身体力行去贡献自己的力量。她利用自己的影响力不时举办音乐会等募捐活动，在公开场合发表演讲，不顾战乱和传染病的危险，看望一些贫困地区的儿童。她的足迹遍及埃塞俄比亚、苏丹、萨尔瓦多、危地马拉、洪都拉斯、委内瑞拉、厄瓜多尔、孟加拉等亚非拉国家。

她曾在1989年发表著名的演讲《和你在一起》，去

---

\* 1 英尺 ≈ 0.30 米

控诉不平等的国际经济秩序对贫穷国家的掠夺，声讨贪婪自私的发达国家罔顾千百万贫困儿童生命健康的行为；她挺身为全世界弱小无助的儿童说话，为那些因战争而伤残，因饥荒而奄奄一息，因缺乏饮用水而衰弱，因缺乏维生素而失明，因社会不公正而流浪的亿万儿童说话；甚至在 1992 年底，奥黛丽·赫本还拖着重病之躯赴索马里看望因饥饿而面临死亡的儿童，在当地展开考察并实施救援。其实，当时她已经患上癌症，身体非常瘦弱，却仍半蹲在地上，喂孩子们吃饭。回到美国，检查后发现癌细胞已经扩散到她的腹部。

而奥黛丽·赫本这份全身心地投入的工作薪资仅有 1 美元。

在她去世后，长子成立了以母亲名字命名的儿童基金会，在全球范围内继续奥黛丽·赫本的公益事业。如今，在儿子的经营下，奥黛丽·赫本儿童基金会拥有了更为广泛的公益项目：索马里、苏丹、埃塞俄比亚、卢旺达的儿童教育事业，美国新泽西州建立的第一家奥黛丽·赫本儿童家园，为那些身体上和情感上受到创伤的孩子提供一个完善的、友好的治疗环境；联合国儿童基金会美国分会也与之共同创立了一个 10 年的"儿童入学计划"，其目的是让世界各地的 120 万失学儿童重返校园。

　　这一切的发生都源于一个叫奥黛丽·赫本的美丽女人。

　　与其说奥黛丽·赫本是个美丽的女人，毋宁说她是个充满"高级感"的女人。因为她令人久久怀念的不只是音容笑貌，更多的是她大爱的心和付诸的行动。"美丽"很多时候被用来称赞外形出众，但"高级感"超越、升华了美丽，特别是高尚的心灵和行动。

　　只可惜"高级感"常常被狭隘化。

## ♀ 只有"高级脸"才配称为"高级感"？

"高级感"这个词真是太火了！当下，我们对女性美丽的最高评价应该就是"高级感"了。过去我们夸一位女性会说漂亮、清纯，有气质，但在"高级感"这个词面前，这些词都略显单薄。漂亮的女人也许不够聪慧，清纯的女人也许不够有气场，而有气质的女人通常都代表相貌平平。但只要把"高级感"这个标签贴上去，这个女人就是360度无死角的美好了。

她的相貌一定辨识度很高且这个长相还不容易过时；

她一定相当有衣品，懂得最适合自己的搭配；

她的气质略显冷淡、疏离，这也恰好证明了她有着洞若观火的机警；

她一定有着不俗的事业，在摸爬滚打中练就了一身智慧与本领。

总之，"高级感"是当下夸奖一位女性最时尚的词了。

但可惜的是，很多人往往最先从一个女性的外貌来定义她是否值得甚至是有资格被贴上"高级感"的标签。

当我们说起"高级感"时第一时间想到的是她有没有一张"高级脸"。

很多谈"高级感"的文章指出首先你得有一张"高级脸"才有资格被称为"高级感",而何谓"高级脸"也有一些明确的、约定俗成的标准。比如:

你的脸型是不是符合马夸特模型?

马夸特模型是美国整形外科专家史蒂芬·马夸

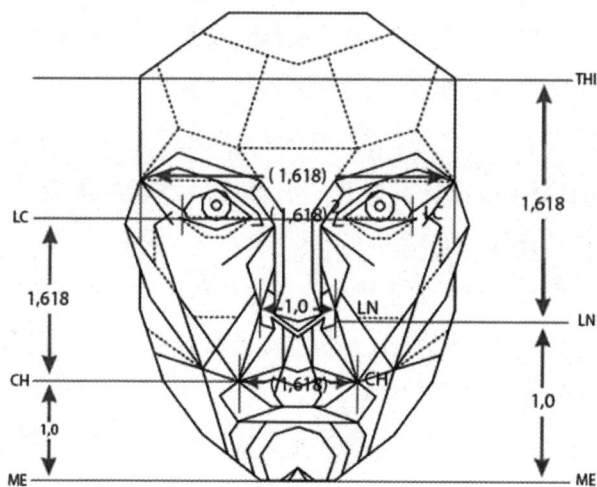

$$\varphi = \frac{(1+\sqrt{5})}{2} = 1.618033988749895$$

特(Stephen Marquardt)利用黄金比例建立的一个

（Marquardt Phi Mask），越接近这个模型的脸型就被认为长相越好看、越和谐，此模型也被作为医学整形界的参照标准之一。

除了脸型之外，"高级脸"对其他方面也有严格规定，鼻子不一定要高但要小巧，鼻翼也要窄。因为鼻子是五官中骨骼感最明确的一官。"高级脸"美女的身材一定要高挑、纤细。"高级感"透露出一种稀缺，而稀缺的东西总是自带高冷气质。

皮肤、牙齿、头发一定是精细保养和打理过的，脖颈和脚踝一定要美，总之在那些"看不见"的地方更要下功夫才符合"高级感"的理念。在服装、妆容的色调方面"高级感"也有标准，可以概括为"莫兰迪色系"，其中以衍生出的"高级灰"最为著名。

莫兰迪色系始于意大利著名的版画家、油画家乔治·莫兰迪，作为一位基因里都带着炙热爱情与浪漫的意大利人，莫兰迪却终身未婚，也没有任何可考的爱情故事，一生过着孤寂、平凡的生活，而这种生活又反过来影响了他的艺术风格。他摒弃了玄学化的球体、多面体，经常以生活中的日用品为参照物，把生活中的杯子、盘子和瓶子置入极其单纯的素描之中，以造成奇特、简洁、和谐美的氛围。而他几乎从来不用鲜亮的颜色，在他的画面上，每一个色块都是灰暗的中间色。这种风格衍生出了现在的莫兰迪色系。简单来讲莫兰迪色系就是在色彩中加入一定比例的灰度，增加颜色的质感。

所以，鲜艳的、有视觉冲击感的颜色往往不会和"高级"二字挂钩。当我们谈起一个女性的穿着很高级时，在她穿衣搭配的色系方面一定是以灰、黑、驼色为主。

以上是人们对于高级外表的描述，那么高级的生活，又是什么样的呢？

活出"高级感"才能美得更高级。

## 一、不论男女，都能活出"高级感"

看过《我在故宫修文物》这部纪录片的人一定会对里面的钟表修复专家王津印象深刻，在我看来，他就是男性"高级感"的代表之一。

年近六旬的王津是国家级非物质文化遗产古代钟表修复技艺的第三代传承人，进入故宫工作已经40年，每天早八晚五，几十年如一日，已经陆续修复和检修了二三百件钟表。在纪录片里，他戴着放大镜、皱着眉头、专心修复一座铜镀金乡村音乐水法钟的神情被公认为"赏心悦目"。从十五六岁"继承"爷爷的岗位进故宫开始学习修钟表到现在，王师傅择一事行然后钟情一生，伴随着嘀嗒嘀嗒的钟声度过一辈子。

修钟其实不是个"美差"，需要经常与灰尘打交道，在办公室一坐就是一天。而且传统的钟表修复讲究用煤油清洗机械构件，修表人的双手必须长年累月地浸泡在煤油里，有时候一洗就是一个小时，非常伤手、熏鼻子。更"要命"的是，花费数月时间以为修复了一座钟，所有工序都完成了，但装上就是不走，就得拆了重新检查，有时候一个小毛病能琢磨好几天。

没有莫大的热情和专注的品性是不可能成为一位钟表修复大师的。无论身处顺境、逆境还是苦境，都能够在当下安于内心，专注自己眼前的事，认真去解决当下的每一个细琐而又重要的问题，那种呈现在脸上的忘我专注的神情就是一种高级感。这种神情，是不分性别的美好。

## 二、比"高级脸"更动人的是一颗高级的心

无论多出色的先天容颜，多先进的医学，我们的容貌总会有枯朽的一天。当曾经"当窗理云鬓，对镜贴花黄"的美女不再年轻，那么该拿什么让自己活得高级呢？

有这样一位女性，她只有小学文化，至今 81 岁的她从未走出过台湾，却被香港中文大学授予社会科学博士

学位，在 2011 年被美国《时代》杂志（*TIME*）评选为
2011 年度全球百大最具影响力人物之一，她就是慈济慈
善事业基金会的创办人证严法师。

慈济慈善事业基金会发展至今已半个世纪，涉及慈
善、医疗、教育、人文、国际赈灾、骨髓捐赠、环保等
多方面，在亚洲、美洲、欧洲、非洲的 54 个国家与地区
设有分会，是非政府组织的慈善机构。

证严法师俗名王锦云，1937 年出生在台中县清水镇。
幼年时便被过继给叔父。1943 年底开始，盟军多次轰炸
日本占据的台湾地区。为了逃命，王锦云同养父母经常
去防空洞避难，一路上亲眼看见房屋在战火中焚毁，乡
亲们伏尸街头。在动荡的时代面前，人的生命卑微如草
芥，战争带来的痛苦让年仅 8 岁的王锦云顿悟人间的苦
难，自此，她开始接触佛法。

王锦云 23 岁时，正值壮年的养父因脑溢血去世。至
亲死别之痛，使王锦云心中浮现了对生老病死的疑惑，
一本《梁皇宝忏》，让她参悟生死之道，"万般带不走，
唯有业随身"，从此开启了寻佛之心，25 岁的她自行落发。

年轻的证严法师对修行的理解，仅限于参天禅地。
她独自一人在小木屋中席地而居，身边仅一套《法华经》，
一幅西方三圣像。每天子夜起身早课，白日顶笠披蓑种

些瓜果，遇到青黄不接时就挖些野菜度日。与传统佛法丛林中那些接受善信居士供养的僧尼比较，她坚持不受供养，不做法会，也不化缘，日夜与青灯古佛相伴，苦行自惕。

直到1966年3月，证严法师因探病前往一家医院，听闻那里有一名难产妇人走了8个小时的山路，却因付不起8000块新台币的保证金，留下一摊血后又被抬回家，失去了救治机会。台湾当时的医疗缴费制度是必须先付保证金，才能入住医院。

证严法师心中绞痛不已：贫由病起，病因贫生。同月，三位天主教修女来访，面对证严法师的侃侃论道，修女质疑：佛教既然这么好，为什么没有落实到社会人群呢？而是靠西方来这里盖医院，建学校，办养老院和孤儿院？

这话宛若当头棒喝，将证严法师猛然唤醒，她的内心受到极大冲击。自此她放弃小乘的独善其身，转而积极入世、行善济贫。

万事开头难。证严法师召集5名弟子、30位信徒，成立"佛教克难慈济功德会"。师徒几人种花生、打毛线衣、缝制饲料袋来维持日常开销，证严法师还定下"一日不作，一日不食"的戒律，要求常住弟子每天做6双婴儿鞋，一天24块钱，一个月720块钱，作为救难基金。

　　第一个月，她们救助的是一位福建老太太，她因战争与丈夫两岸相隔，二战结束后，她冒险跨海寻夫，可等待她的却是一具冰冷的遗体。老太太因此滞留在台湾，无亲无故，晚年终日卧床，饥寒贫病缠身。慈济会每月赞助她300元生活费，又花300元为她请了一个看护，直至四年后替老太太圆满送终。

　　慈济功德会的善名渐渐传开，慕名行善的人越来越多，济助的个案也越来越多。证严法师的俗家养母拿出存款，又向银行贷款，买下十几亩土地，建造"静思精舍"，让这些出家僧众有地可耕，有屋可住。渐渐地，人们知道了一门叫"慈济"的慈善事业。

　　1978年证严法师从一床、一被、一台仪器开始募捐，到1986年历经8年耗资8亿，终于有了第一座佛教医院——慈济医院。从一开始慈济医院就定下了"免缴住院保证金"的创举，这个举措最终促使"卫生署"决定，全省医院废除缴纳保证金这项制度。而后几年，她又创立了慈济护理专科学校、慈济医学院，以及慈济中学、小学、幼儿园。

　　50多年来，从抗洪救灾，到地震救助，从捐助希望小学到捐赠骨髓，慈济慈善基金会都一马当先。在国际上的济助更是不胜枚举：1991年，孟加拉国遭洪水侵袭，

14 万人死亡，慈济发起募款，协助孟加拉国重建；"9·11"事件后，纽约警方迅速封锁了周边区域，只有三个团体被批准进入现场救灾，慈济就是被批准进入现场救灾的团队之一。慈济这个援助过 69 个国家的团队，从 30 多人起步，到如今全球 47 个分会，1000 多万会员，200 多万志工，他们当中有市井小民，有当红明星，有富商巨贾，也有权威人士。

证严法师也许没有一张当今社会青睐的"高级脸"，但她创办并发扬光大的慈济基金会救下万千苦难、抚慰无数人心，她的"高级感"不在脸而在心。再高级的脸总会被时间打败，被流行的新趋势淘汰。唯独拥有一颗高级的心灵才能在流逝的时光和无数变迁中留下回响和痕迹。

### 三、"高级感"，是在自己的心中为别人留一块地方

你穿衣懂得搭配，懂得上妆调色，懂得运动以保持身材，懂得抑制脸部表情，这些只是"高级感"的皮毛，真正的"高级感"除了体现在外形上，还应该呈现于你的工作、你的爱情、你对家庭的责任与付出、你对父母的态度、你对孩子的教育、你对朋友的担待、你接人待

物的各方面。

安妮·玛丽·斯劳特这个名字对很多人来说有些陌生，但她被誉为"美国第一职业女性"，被评为全球最迷人的女性之一。她是普林斯顿大学伍德罗·威尔逊公共与国际事务学院的第一位女院长，2009年初出任美国国务院政策规划司司长，是时任国务卿希拉里的左膀右臂，也是担任该职务的第一位女性。她在事业上可谓非常成功。斯劳特有两个上中学的儿子，丈夫也是普林斯顿的终身教授，两人感情很好，事业上也互相支持，怎么看都是事业家庭取得平衡的杰出女性。

可谁能想到这样一位杰出的女性，她上中学的大儿子因为长期挂科、逃学、冒犯他人最后被勒令休学。一切都要从斯劳特离开家庭前往华盛顿任职开始说起。

为了让儿子们能继续享受好的教育资源，不离开熟悉的社区环境，同时也不用让丈夫疲于奔波，斯劳特选择把家庭留在新泽西，自己开始了每周末往来于华盛顿和新泽西的赶路生活。这意味着她一周有五天都是和孩子、丈夫分开的，只能周末体验一下家庭的欢愉，而且这种欢愉也经常因为突发的国际事务被打断。

因为缺少母亲的陪伴，两个孩子的教育状况急转直下，大儿子叛逆，小儿子也因为刚入中学不适应新环境过得很辛苦。斯劳特在任期满两年后本来要被提拔到更重要的职位，但她考虑再三最后还是拒绝了邀请，放弃了自己的野心，回到了普林斯顿大学，回到了家庭去照顾、陪伴她的孩子们。

安妮·玛丽·斯劳特在《我们为什么不能拥有一切》这本书里说："只要我的两个孩子在读大学前还需要我，我就会留在他们身边陪伴他们。"

如何兼顾事业与家庭一直是女性面对的艰难课题之一，本以为像安妮这种在事业上取得辉煌成就的女性一定是把工作放在第一位的，毕竟很多在事业上取得巨大成就的女性（其实也包括男性）都曾牺牲了个人生活和家庭。可安妮之所以受到欢迎，甚至打动了不少女性，原因就在于她没有像很多成功女性那样呼吁大家"身为女性，你要更有野心，向前更进一步"，然后留下怨声载道的伴侣和问题百出的孩子在身后，不知所措，备受煎熬。

安妮告诉女性，没关系，你选择把家庭放在第一位，为此暂时牺牲、放慢个人事业是可以被接受的，不应该受到指责。你把更多的温暖和空间留给家庭和他人，而不是仅仅留给自己的事业心、野心，这种心中有他人的人性关怀同样也是"高级感"。

## ♀ 不同的美丽，相同的"高级感"

北京时间 2018 年 3 月 23 日凌晨，"世界杰出女科学家"颁奖典礼在法国巴黎举行。我国古生物学家张弥曼院士荣获 2018 年度"世界杰出女科学家奖"。该奖项从 1998 年创办至今已有 21 年，张弥曼是第 6 位获此殊荣的中国女科学家。这也是该奖首次授予古生物学家，联合国教科文组织在官网中报道称："她在化石记录方面的开创性工作，开启了对水生脊椎动物如何适应陆地生活的新见解。"

时年 82 岁的中科院院士张弥曼曾被全世界最权威、最有名望的学术期刊之一《自然》（*Nature*）撰文介绍她的科研成就，她是首位获此荣誉的中国科学家。2011 年和 2015 年她曾分别荣获芝加哥大学、美国自然博物馆吉尔德研究生院荣誉博士学位，并在 2016 年获国际古脊椎动物学界最高奖"罗美尔 - 辛普森终身成就奖"。

张院士还是瑞典皇家科学院外籍院士。瑞典皇家科学院成立于 1739 年，是世界上最古老的科学院之一，每年诺贝尔物理、化学、经济三个奖项的评选就由这个机构负责。目前它在全世界只有175名外籍院士，张弥曼就是其中之一。荣誉等身的张院士可谓是一位不折不扣的"古人"，她的研究领域涉及古鱼类学、古地理学、古生态学，解释了人类长久以来关心的问题：我们是谁？我们从哪里来？

曾有一位颇有影响力的瑞典古生物科学家提出，包括人类在内的陆地脊椎动物都是由总鳍鱼类进化而来的观点，这一学说得到了业内人士的认可。而张院士花了数十年时间采用各种实验手段证明这类鱼没有内鼻孔，无法离开水呼吸，根本不存在上岸生活的基础。这一发现颠覆了世界古生物界的认知理论，从而掀起了对四足动物起源的新一轮探索。

张院士与古化石相爱了一生，从这些化石的身上去探索地球、人类以及各种生物的起源、变迁和消亡。她还根据地层中的化石样本准确提出石油的成油地质时代，为当年国家成功开发大庆油田提供了科学依据。

但钻研古生物学这门学科不仅是个"冷板凳"，还格外辛苦，对自己不"狠"的人是做不出成就来的。

为了寻找化石，张院士每年有好几个月需要驻扎在荒山野岭。一个人挑着 35 公斤的行李和工具，每天徒步走 20 公里山路。更有过为了工作，40 天无法洗澡，身上长虱子，老鼠直接从她脸上爬过的经历。为绘出一张模型图，不吃不喝连画 15 小时也是常有的事。领奖时 82 岁高龄的她也依旧没有停止工作。7 年前她接受采访时曾说："我剩下的工作时间也不多了，会握着这些古化石工作，直到一生结束。"

颁奖时让在场所有嘉宾都格外动容的是张院士的这句话："感谢家人，尤其是女儿。在她只有一个月大的时候，我把她交给了她的外婆，当我把她接回来时，她已经 10 岁了。"

像张院士这样优秀的女性在取得巨大成就、做出巨大贡献的背后有多少艰辛只有她自己清楚。

其实，无论是外表的高级，还是内在的高级，都有一种共性——舍得对自己下"狠手"。

维持一张"高级脸"难道很容易吗？当然不是。它需要你数十年如一日地呵护肌肤、控制身形、拿捏表情、考量衣着和举止。如果是明星，为了追求"高级感"，甚至还要刻意去挑选一些角色来营造。而把外在"高级感"升华成精神、品行和力量的人付出的更多。可能要像奥黛丽·赫本一样远赴贫困地区，像证严法师一样不忘初心数十年如一日地去募捐，像安妮·玛丽·斯劳特一样"放弃"自己很看重的一些东西来保护家人，或者像张院士那样牺牲"小我"去实现"大我"。

你得先成为一个"狠"女人，才能活出真正的"高级感"。

## ♀ 好女人与狠女人

如果有来生，你有没有想过不再投胎做女人？

说实话，我曾有过。

我从自己的身边和书中看到了很多榜样和偶像，她们自强、独立、聪慧、得体、有作为，各有千秋，但有一个共性，那就是生而不易。

这种不易首先源于先天的生理设定。从每个月注定有那么几天的疼痛，到生产的危险、哺乳的疲惫，这些"苦果"几乎伴随女性一生。除此之外，这种"不易"还有在时代的进步下对女性提出的更高要求。现如今"上得厅堂，入得厨房"已经不是完美女人的代名词了——你不但得做得了一手好菜，还要肌肤吹弹可破；不但要身材曼妙纤细，还要能教育出天使宝贝；不但要能抓住伴侣的心，同时还能在职场上有所作为——最好是可以去纳斯达克敲钟，同时还要美到连林青霞、张曼玉都"羡慕嫉妒恨"。

还有，似乎老天对女性都不太"友好"，时间对女人总是格外残忍。十几、二十岁时我们被称为女生，三十几岁以后，我们就被叫作"阿姨"，迈入50岁就变为了世人眼中的"大妈"。这样想来，虽然事事人们都说"女士优先"，然而我们被公认、被宠爱、被认为魅力四射的时间也就只有短短十几年。

偏偏有些媒体还喜欢雪上加霜，尤其是某些热衷于煽动情绪的公众号，似乎都很乐意把女性塑造成"受害者"的形象。

比如，谈及爱情、婚姻，总是会出现这样的文章：《女人，不要做爱情的奴隶》《10种女人婚姻注定不幸福，终究会离婚！》，似乎女人天生就容易被爱情俘虏，在婚姻中得步步为营，否则一不小心就"被离婚"了；而但凡男人出轨，身为另一半的女人，不是为家操持累成黄脸婆，就是醉心于事业不够贤惠，好像始作俑者通通都是女方。

再比如，谈及职场，就会冒出无数文章教女性如何平衡工作和家庭，如何突破职场天花板、防止性骚扰，让人觉得女性身处职场，身边处处都是雷区。

再比如，谈到我们女人偏爱的保养美容，让人耳熟能详的文章大致分为两类：一类是想方设法忽悠你买化妆品、保养品；另一类是嫌弃你不够精致、优雅，比如《25

岁的你还在穿两百元的衣服吗？》《不给自己集齐七色口红还算女人吗？》……

总之，无论是受传统社会文化的影响还是媒体的偏颇描写，女性过去给我的感觉是辛苦的、脆弱的、软弱的、需要被保护的，我们一不留神就会被这个世界伤害。

的确，世界很残酷，从身体构造来说女性的确是"易碎品"。所以在过去很长一段时间，社会都以"保护"之名，希望女人们能以家庭为重，以丈夫孩子为先；婚前以父母为大，婚后视公婆为重。这时，社会要求女性要勤劳、节俭、朴素、贤惠、温柔——至于身为女性的意识、理想、追求、事业、爱好、身份都不重要。

你也许会说，这些都是老皇历了，不会发生在我们"80后"、"90后"女性身上了。但事实真的如此吗？

如果你以为生在新时代，就可以在身为女性的"标签"下松那么一口气，那你可大错特错了。几千年来对于女性的物化与偏见，那些变相的"三从四德"和条条框框，就在我们身边，它们是如此细微，如此让人习以为常，而有时甚至连身为女人的我们自己都无法察觉到。

我曾以为这些变相的"三从四德""夫唱妇随"等条条框框已经不会出现在我们这代人身上了，但事实告诉我，也许我们对那些"大门不出，二门不迈""嫁鸡随鸡，嫁狗随狗"的说法嗤之以鼻,但还有许多针对女性的束缚,以人情世故等各种各样的面目,让我们不得不从。而最可怕的是,那些条条框框,虽然不是以《女德》《列女传》等形式宣之于卷,但还是以"好女人守则"的伪装,流传至今。

想要做个世人眼中的好女人?那么你就要接受这个词语中暗含的标签:"母亲""妻子""伴侣""保姆"等等。每一个标签都会让你忙得不可开交,直到忘却你还是你自己,你有自己的人生要过。

所以我说,做个好女人,不如做个"狠"女人。

## ♀ 什么是"狠"女人

首先，"狠"女人最爱的人是自己。因为她们懂得要先照顾、料理、疼爱好自己，才能有更好的状态去爱亲人、伴侣、孩子、朋友以及其他事物。

其次，"狠"女人的思想比身体更独立。也许她们还是会假装拧不开瓶盖向心爱的人示弱，但在重大问题的抉择上，她们不盲从，不任性，有自己的见解和选择，并能承担得起后果。

还有，"狠"女人大都多了几分叛逆。我想结婚时就会结婚，我想单身时也无所畏惧；我生孩子是出于爱，我不想生时不会为了传宗接代而被公婆或父母勉强。

以及，很重要的是，对"狠"女人而言，工作的意义是非凡的，它不再只意味着格子间里朝九晚五的难熬时光、防不胜防的明枪暗箭，以及按月打入卡中的工资。在"狠"女人的世界里，工作是体现自我价值的一个重要渠道，她们会拼尽全力去对待，只为实现、表现自己在这个世界上存在的意义。

总之，"狠"女人一定是充满爱的。她们爱自己，爱思考，爱工作，也爱家庭，最重要的是，她们热爱自己的人生。她们作为女人，一定是全力以赴，以至于她们对一切都是"狠"的，不留任何遗憾的。能活成这样的女性，不会去羡慕男人的自由自在和诸多优待，更不会把自己的遭遇归咎于自己的女儿身，因为她们能够收获更精彩的人生、更丰富的阅历和更饱满的情感。

我之所以希望自己能活成一个"狠"女人，很大程度上首先源于我家中的女性长辈的影响，她们不同于那个时代的大多数女人，并没有走"寻常路"。

我的奶奶，55岁退休后还经营着一家台球厅，想着如何运用自己尚好的健康去提升生活质量；我的姑姑，在50岁时学会了开车，退休后兼着一个公司采购的工作，开车绕着全国转，至今十几年过去了，还坚持工作。我妈在中年时期就赚够了一辈子的养老钱，虽不至于大富大贵，但完全可以过得随心所欲一些。可她没有选择吃喝玩乐"善待自己"，而是用多出来的精力去研究理财产品、做投资。

我们家的每一位女性看上去都有点辛苦，甚至"自虐"，明明可以安享许多年轻人都渴望的退休生活——旅游、遛娃、跳广场舞等等，但她们身体力行地教我做一个"狠"女人该有的样子,那就是她必须是强大、独立的。

也许,正是有了这些有点另类又接地气的榜样,我才会说,我们完全可以让自己成为一个"狠"女人。这种期待并不像天边的云彩一样不着边际,我们只需要对自己的事业更热忱一点,对自己的感情更热烈一点,对自己的生活更期待一点,就完全可以成为自己理想中的高级女人。

## ♀ 如何评价"30 岁的女人"

其实，和许多人一样，变"狠"这件事曾经只出现在我的想象和向往中。

在 30 岁以前，我和丈夫管管是上海无数普通小青年里的一分子。我们也会觉得上下班两小时的通勤很辛苦，没完没了地加班很烦人，每个月要还五六千的房贷很有压力。但我俩工作还算稳定，感情非常甜蜜，并且也算是在这座城市有了根。那时，周末和节假日我们会泡在电影院看最新上映的影片，排一两个小时的队吃一顿口碑"爆棚"的日本料理，或者在上海有文艺范儿的小路上随便找一家咖啡馆闲聊、发呆，待腻了上海，就跑去周边的苏杭两地吃吃喝喝玩玩，日子很是安逸。

但偶尔，我也会问自己："这就是我想要的生活吗？"

我没有答案，因为同无数迷茫的人一样，我不知道自己想要什么。有些长辈告诉我，人生就是要追求稳定，过日子嘛，太平就好；同龄人也会说，你挺棒的啊，从三线城市奋斗到了大上海，在这里扎根、立足，做着自己喜欢的工作，有着甜蜜的感情，你还有什么不满足的呢？

我曾经也属于"没什么追求"的人，平时最大的爱好和消费就是看书和买书。而一次偶然的机会，我看到阿富汗唯一一位女性国会议长法齐娅·库菲《我不要你死于一事无成——写给女儿的17封告别信》时，我被她伟大的抱负、坚定的信念和勇敢的精神深深感动了。

从那开始，我明白了，对一个女人来说，最大的野心也许不是你能够成为某家公司的高管或拥有多少财富，而是你敢于一直突破自己，就像库菲在书中写的那样："把目标放高，你永远无法估计一个人的爆发力能达到什么程度。如果一开始就已经设限，那么，这一辈子，你很可能就没有了爆发的欲望，何来高度、深度、宽度可言？"

合上书后，我想，也许我的人生还可以折腾出点什么。我发现，就在自己边安逸边迷茫的生活里，我已经迎来了30岁。

许多人特别喜欢拿30岁来"做文章"，尤其是针对女性——"30岁，你应该累积了一定的个人财富。""30岁，你应该建立一个完整幸福的家。""30岁，你的头脑应该更成熟。""30岁，你应该有了相当的阅历。"……好像 30 岁是个重要的关卡，两边有着成功与失败两种截然不同的人生。

其实，我并不想拿"30 岁"说事儿，在我看来，这个数字应该和 18 岁、56 岁没什么区别，但也许是巧合吧，30 岁时我的生活里真的发生了一件大事，它让我过去安逸的小日子变得面目全非，甚至按照一些"标准"来说，我的 30 岁大大退步了。这件事就是：我和丈夫管管决定出国读书。

我很想为做出这个决定找一些精彩的理由，或者触动人心的故事，但事实就是，这个看上去有些不可思议的决定背后的初衷颇为平淡：上海很好，但我们想去更大的世界看看。

申请出国的整个过程比想象中顺利。管管被全美排名前 40 的高校的神经工程学博士项目录取，并获得了全额奖学金；在同一所学校我也找到了与之前的工作颇为对口的职业咨询（Career Consulting）专业。当录取通知书、签证都已经办理好并拿在手里时，我俩发现除了向前迈进已经不可能再去多想什么了。就这样我们把父母当作宝的工作辞了，告别了我们曾经热爱的生活，变成高龄学童，来到了美国。

我知道自己距离"狠"女人还差很远，但能够勇于折腾,"偏离"原本的轨道和预想,我想是一个不错的开始。

30岁出国读书,这件事有点"不正常",主要是年龄因素在其中。所谓"在其位,谋其政",同理可得:在其岁,做其事。很明显,许多人认为返校全职读书这件事不是30岁的人该干的。而且,我和管管都是普通人家的孩子,30岁辞职出国读书,没了工资,没了养老保险,没了医保,并且之前累积的人脉、结交的圈子、取得的工作成绩等一切都被归零。难怪长辈们会觉得我俩"不务正业"。

在美国生活至今,回过头去看看两年前的选择,我不是没有怀疑和动摇过,但若说真正后悔做出这个选择,却从未有过。这个世界存在30岁的标配人生吗?也许有吧,但说句任性的话,我不遵守又能怎样呢?"标配"都是别人定义的,内心的满足才真正属于自己。

来美国后我开始靠写字为生,管管的奖学金足够支持我俩每月的开销,但吃穿用度到美国后价钱与国内相比都要乘以7,我不想生活过于拮据,而且也始终惦记着儿时的写作梦,所以我开始给一些媒体、公司写专栏、文案,赚稿费,也因此认识了不少编辑、读者朋友。

我听到过不止一位朋友这样概括我:"哦,你就是那类'30岁辞职出国读书'的人吧?"然后,大家会颇有兴趣地让我聊聊国外的生活，当初怎么做出这个决定的，重回校园的感受等。

我会告诉大家，我居住的小镇子是个大学城，空气很好，天很蓝，秋天的树叶有绿，有黄，有红，色彩斑斓；这里的居民都很淳朴、热情，会主动和你打招呼，停下来与你聊聊天；学校的建筑很漂亮，绿植很养眼，有 4 万名高校学生在此就读，所以这是一个安全、灵动又充满活力的地方。

大家听完后都表示很羡慕，感觉像到了世外桃源，平时可以潜心静读，闲时可以拥抱自然。没错，的确是这样，但我没说的是，我们在美国的求学还有另外一面。

刚安顿好的第一周，我给学院的院长发了一封邮件（每个老师都有固定的办公时间，用来解答问题），希望能了解一下项目的特色，并听取一些求学建议。院长人很好，耐心听我叽里呱啦讲了一堆后，面带微笑地对我说："Phoebe（我的英文名），我给你的第一个建议是，好好练习英语口语。"

虽然当时我的脸上带着微笑，但内心超级受伤。院长讲得很对，我口语确实很烂，但亲爱的院长大人，你知道吗，为了这次约谈，我鼓了多大勇气，做了多少心理建设？我的邮件改了三次才敢发给你，我把要谈的内容写了草稿、拟了大纲，完成这一切我才敢敲开你办公室的门，结果一张嘴就"破功"。

没办法，在异国生活就是会这样，你得习惯自己先变成"聋哑人士"（至少初期是这样）。我们在国内学英语的时间不算短，加上申请出国时通过了英语考试，以为自己英语至少还算过得去。但在国外开始生活后才发现，能像在国内那样用成年人的方式自由沟通是一件奢侈的事。你得适应对方在听完你讲话后一脸困惑地看着你，你得适应不停地听对方问"Pardon"然后连比带画地重复刚才说的话，你得适应语言、文化障碍带来的前所未有的沉默和孤独。

出国前，我的工作是培训师，每天做咨询、讲课、演讲，需要说很多话、见很多人。但在这里，能让我顺利交谈的人只有丈夫管管。每次和外国人开口讲话前，不夸张地说，我都心惊胆战。我的生理年龄是 30 岁，但在当地人眼里，我的沟通水平也许只有 3 岁孩童的水平。

这种阻碍不仅会让你感到孤独，更重要的是，它会让你害怕开口、交流，久而久之，你会变得不善沟通、疏于人群、远离社会。一个人，如果脱离了社会只活在自己的小世界里，那和他不存在于这个世界也没有多大差别。

　　既然已经发了誓去做一个"狠"女人，我当然不允许自己变成透明人，所以我必须改变现状。

　　为了适应不同的口音，我专门挑来自不同国家的老师的课去旁听，印度的、意大利的、日本的，现在想想还觉得挺可笑，别人学英语都要学最纯正、最地道的，而我在不同教室间来回奔波，只为了听那些不地道的口音。没办法，在美国生活的，又不是只有美国人。

　　为了练习口语，除了参加读书会，定期去社区咖啡馆做志愿者，有橄榄球比赛时主动请愿帮忙卖吃的外，我会在大马路上、图书馆门口等一切公共场所，只要看到有空闲、有善意的人就跑上去搭讪，聊天气，聊食物，聊上海（这是外国人很想去的城市之一）。我想和我打过交道的老外们，一定会一改"东方人内敛、害羞"这个陈旧的看法。

　　在美国的生活遭遇了太多艰难：重新学习语言，搬家时要化身"女汉子"开着大卡车轧马路，大冬天楼上漏水整张床被淋湿，两人只能铺着单子睡在地上，以及为了省钱在二手店里找乐趣……每一个困难袭来时，我对自己的选择都有过怀疑和动摇，但每每克服后，我知道，自己又一次做到了，变强大了。

　　所以，偶尔有人说我："你去了趟美国不见得将来就会发展得更好，说不定以后会后悔啊。"也许吧，但至少我现在没有为自己度过的 30 岁而后悔过。

30 岁的女性在任何一个年代、国家来看的确都不能算年轻，而长辈们更是有一套标准答案等着去评价我们。在他们看来这样的 30 岁才算正常：有个老实的、会过日子的丈夫；孩子已经到了能打酱油的年纪；从事着一份收入不必高但稳定、清闲的工作——例如老师或公务员——然后省吃俭用给孩子存钱以后上好学校，帮孩子们付首付。

这种生活并非不好，但就这样变老下去的人生未免有点可惜。

这个世界不乏"脱轨"的女性，比如著名的节目主持人、女企业家杨澜，在当年主持《正大综艺》达到主持事业巅峰的时候选择卸下光环赴美深造；还有，美国超模克莉丝蒂·杜灵顿，14 岁就走红于模特圈，各大品牌代言接到手软，10 年 T 台生涯却在最红的时候急流勇退淡出时尚圈回到象牙塔学习，后来成为 EMC 公益组织的创始人，致力于解决全球孕妇、产妇的健康问题。

女人是从什么时候开始真正变老的呢？答案一定不是 30 岁，除非你从此让自己处于休眠、停顿状态。如果我们没有放任自流，没有停止学习（不一定指书本学习），没有放弃对更好、更美的人与事物的追求，一直处于自我更新、自我升级的状态，怎会老去呢？

## ♀ 你可以很柔软，但请让自己的内核强大且坚硬

一个热爱自己人生、拼命向上的女性，何止不会老。懂得自我更新、升级的女性，她的价值必然也会随着年岁增长而增加。

这种增值可以用经济实力来衡量。比如，正常情况下，你在 30 岁时赚的钱应该会多于 20 岁；你的存款也会随着年龄的增加而增加，让你"手里有粮，心里不慌"；而更能赚钱的你也一定更懂得怎么花钱。

但增值远不止于此。内核的强大才是我们比年轻时更值钱的根本。

我始终相信每个人都有一个内核，它可以是"三观"、能力、责任、阅历、认知 …… 总之，任何人的一生都是依靠这个内核的力量走下去的。而能够保持自身价值随年纪同步增长的女性，那强大的内核应该体现在三方面：

第一，勇气。

很多人认为人的勇气只是属于"青春时的特权"。比

如你可以轻易爱上不该爱的人，即使他是渣男也没关系，因为你还年轻，还有回头的机会；比如你可以辞掉一份不喜欢的工作，因为你是年轻人，选错了是正常的，时日还长，可以慢慢试错；甚至你可以说自己"抽烟喝酒打架文身依然是好女孩"，因为年轻嘛，做这些也不算太出格。

这些选择背后的资本往往与金钱、实力无关，而与勇气有关——那种"因为我年轻，所以我尚有勇气去选择"的力量。

的确如此。一些不需要负责任，不需要考虑后果，甚至无畏、鲁莽的选择的确只有拥有青春式的勇气才敢做出，并且它们往往不会招来非议和批判。

可如果到了一定的年纪再来一次说走就走的旅行，再来一次轻易把辞职信拍在老板办公桌上的举动，这时候，你得到的评价就不是"有勇气"了，而是"无脑"。

但这不代表上了年纪我们就该丢失勇气，恰恰相反，30 岁的我们会比 20 岁时更有勇气——是那种面对困难解决问题的勇气。我喜欢这种勇气，它多了理性，少了任性；多了思考，少了情绪。

小希是我的好友，曾经她和父亲的关系一直很僵，因为父亲在她 6 岁时爱上了别的女人，抛弃了她和妈妈。

临走时，小希哭着跪在地上抱紧父亲的腿，求他别离开。父亲扶起她，说了一句话："关于爱情，希望长大后你能理解我。"

小希没办法理解。父母没离婚时，即便两人的感情算不上浓情蜜意，但这个家至少是完整的。而现在呢，餐桌旁的椅子有三把，茶几上的杯垫有三个，但家里只有她和妈妈两个人。小希曾发誓，这辈子都不会原谅父亲。这十几年来，只要是父亲来看望她，她就直接摔门走人；父亲来电话，她就直接挂断。

后来，小希遇到了爱她多于爱自己的另一半，两人恋爱、结婚，感情一直很幸福。偶尔，小希回忆起小时候父母尚未离婚时的样子——他们很少沟通，更多的是客人间的礼让而非爱人间的甜蜜，甚至在离婚的前一年，父母就分房睡。小希对父亲的那种憎恨有点动摇了。

后来她从病逝前的爷爷那里得知了父母的婚姻不过是一次孝子的成全。那时奶奶癌症晚期，她一直想在临死前看到唯一的儿子结婚，于是就托媒人介绍。奶奶相中了妈妈，妈妈也看上了爸爸，但爸爸对妈妈无感，无奈奶奶以死相逼，说没几天可活的了，唯一的心愿就是看到儿子结婚，才肯瞑目。爸爸无奈，只能应了这场婚约。

小希和我说，她对父亲的感情很矛盾，觉得他可怜、无辜，但想到妈妈还是被他抛弃了，心里没法释然。不过最终，小希还是和父亲重修了关系。她鼓足勇气和父亲见了面，试着放下自己的情绪和偏见，从一个被爱情包围的女人而非女儿的角度去听父亲解释、诉说。最后，她原谅了父亲。

小希说："父母的爱情我无权控制与干涉，但我骗不了自己的内心。虽然我的妈妈是受害者，我也得承认爸爸也是受害者。一个选择去追求自己爱情的男人，我能责怪他一辈子吗？"

也许这就是长大后的勇气，能接受自己过去不能接受的事情。

第二，笃定。

其实笃定和勇气是相辅相成的，也许是你对自己的目标和选择更加笃定所以才更有勇气去面对、放手一搏。

笃定，就是少问为什么，多问怎么做；少一些情绪发散，多一点理性思考。

当然，这并不是说让你稀里糊涂一头扎进某事，连方向和目标都不清楚。虽然我觉得人生很难有绝对清晰的目标、绝对笔直的方向，迷茫和困惑会伴随我们一生，但30岁以后的笃定就是你不会对自己当下的行为和想法随便动摇。至少你很清楚，这个是你目前想要的、必须要做的，那个是你不能去碰触的、不必去想的。

剩下的时间和精力就是全力以赴去想怎么去实现，怎么去解决，怎么做得更漂亮。

我的前上司安娜就是这样一个人。

安娜是典型的处女座，这一点在她对工作拼命、做任务时"龟毛"的程度上得到了充分展示。正常人的工作时间朝九晚五八小时，安娜的工作时间是八小时之余再八小时；正常人休假的模式是旅行、看电影、吃大餐，安娜的休假模式是回邮件、接客户电话、改PPT兼顾旅行、看电影、吃大餐；普通人年终总结草草一写交差完事，安娜写7个版本后还在给自己挑毛病。

刚入职时，我以为她这么拼是要养家、还房贷，或者努力赚钱给父母养老用。

后来她女儿满月邀请大家去她家玩，我才知道她的家境相当不错，就算做一份薪资微薄的闲职也可以衣食无忧地住在豪宅里；丈夫对她也没什么要求，而安娜的父母更是退休高干，根本不需要她操心经济问题。

工作这么拼，不为钱，图啥？这个问题藏在我内心很久。后来相处久了某次与安娜闲聊，我问她："你工作干吗那么拼啊？咱们公司薪水不算高，也不是按劳所得，你少见一个客户、少修改一版 PPT 也不会扣你钱，多做也不会给你加薪，你究竟图什么？"

安娜云淡风轻地说："没什么为什么啊，工作嘛，不就是应该做好吗？"

是啊，哪有那么多"因为 …… 所以""原因是 ……"的解释呢？随着年龄的增长，我们的身份和角色也会增多，做好本职工作本就该是顺势而为的事，为什么需要特别的理由呢？

笃定是一种对自己的信任，它让你不轻易怀疑自己的选择、行为、想法，这种不轻易怀疑自己的潇洒真的需要时间的沉淀。

第三，豁然。

年轻的时候，我们会轻易去问自己、问别人："他到底爱不爱我？"而到了一定年纪、经历了一些风雨后的女性根本问不出这样的问题，因为答案已经写在她们自己心里，我们无须自欺欺人或多此一问。

就像张爱玲与胡兰成的"倾城之恋"。她曾爱他"低到尘埃"，胡兰成与她尚且是夫妻时就移情别恋护士小周，张爱玲满心难过却也只能因为爱他而隐忍。后来，胡兰成又与范秀美相爱，至此张爱玲终于明白，两人之间的爱早已荡然无存。在几个月后，待胡兰成脱离险境，张爱玲的诀别信到了：

> 我已经不喜欢你了。你是早已不喜欢我的了。这次的决心，我是经过一年半的长时间考虑的。彼时惟以小吉（劫难）故，不欲增加你的困难。你不要来寻我，即或写信来，我亦是不看的了。

也许张爱玲终于明白了，爱或不爱与我是不是才女、你是不是滥情、我们是不是曾经相爱都无关系，爱时便爱，不爱时就永不再见。

所以，几年后，即便胡兰成误会了张爱玲写来的借书信函，以为还能旧情复燃，写了缠绵书信给张爱玲，她也能清爽、果断地拒绝：

兰成：

> 你的信和书都收到了，非常感谢。我不想写信，请你原谅。我因为实在无法找到你的旧著作参考，所以冒失地向你借，如果使你误会，我是真的觉得抱歉。《今生今世》下卷出版的时候，你若是不感到不快，请寄一本给我。我在这里预先道谢，不另写信了。

爱玲

　　张爱玲曾在《半生缘》里写过一句话："爱就是不问值得不值得。"这句话也是她与胡兰成的爱情写照：不问值得与否，只是爱你时，可以不顾一切；不爱时，便永不回头。

　　"豁然"是一种智慧，它需要在见过一些人、经历一些事后才会来到你的身边。

　　勇气、笃定、豁然六个字看上去普通，但它们就是女性越来越强大的内核。这个内核不与年龄成正相关联系，但的确需要时光和阅历去反复打磨，你才能看到它被抛光后闪耀夺目的模样。

## ♀ 爱情上独立不是不依赖，而是不被他人左右

先申明一点，提到"狠"女人时，请朋友们别把那种只醉心于工作、冰冷、强势，没有人情味或女人味的女性形象代入进来。"狠"女人首先是女人，没有几个女人不对爱情和婚姻充满期待。爱情和婚姻对"狠"女人来说非常重要。

但，她们没必要把爱情和嫁人这些事看作人生头等大事，甚至没有把结婚看作这辈子必须要做的事。

在我父母那一辈人看来，没有结婚生子的女人的一生是不完整的，这让我真的很想用我喜欢的女作家庄雅婷曾说过的一句话回击一下："我又不是盘子，为什么要追求完整？"

父母那代人的观念与我们有出入，得出这样的结论也就算了，可气的是同龄已婚的女同胞们也拆台，你一个人单着明明过得不错，她们非得凑过来说一句："这么大年纪了还不找个男人嫁了，以后怎么办？"有些男同胞更过分，只要是适龄女青年尚且未婚的，在他们眼里

就是"一定有问题"。

我曾就此问题采访过我身边的男性友人，他们当中有的是受过高等教育的留学海归，有的是根红苗正的"大院子弟"，有的是房产两位数的土豪之士，按理说财力、经历、见识都算拿得出手，可对女人结婚这件事的看法真是一点都没有进化，在他们眼里25岁以上还单着的女的，不是太"作"就是太"差"；而到了30岁如果还没有结婚，就认为"她这个人一定有问题"。

能有什么问题呢？有些女人不过是对爱情和婚姻更有要求，不想为了传统世俗的规则和七大姑八大姨的催促而将就罢了。这些女人往往更聪明，她们知道嫁人不难，但能够"嫁对人"其实是有相当大的难度的。说句俏皮一点的话，想要"嫁对人"，至少需要三个步骤：

第一步，找到那个"对"的人。

仅这一点就涉及非常深刻的自我认知。没错，首先不是了解别人，在嫁对人前你先要对自己有非常透彻的了解，如此才能进一步去界定何为"对"。

比如你要知道：

自己是什么样的人？想成为什么样的人？

需要什么？能放弃什么？

拥有怎样"三观"的人才能与你合得来？

交往中的底线在哪里？

未来的计划或生活的趋势是什么？

对生活以及子女、父母等各种关系持什么原则？

……

可惜很少有人愿意静下心来思考这些"费力不讨好"的问题，因为它们很难让我们即刻获益。但如果一个人连自己都不了解，又如何知晓什么样的人是适合自己的？何谓对的人？

这就好比在镜子前，没有物体，我们是不可能得出镜像的。一切对客体清晰的认识都是建立在清晰的本我认识之上的。美国婚姻问题专家朱利叶斯·温格在《幸福婚姻法则》中曾说过："即使是最幸福的婚姻，一生中也会有 200 次离婚的念头和 50 次掐死对方的想法。"最幸福的婚姻尚且如此，更何况那些靠惯性和懦弱而非靠真爱走完一生的伴侣。聪明的女人一定明白，自己不想要这样的爱情。

第二步，能够顺利地嫁给他。

即使对自己的一切都明镜于心，也不代表就能和对的人在一起，因为这之间还有很重要的一个步骤：你是否能遇到并嫁给他。

有个故事说的是上帝造人，男人和女人原来都是同一个苹果。有一天上帝生气了，把苹果切成两半，扔到人间。男人和女人的结合，就必须先找到自己的另一半苹果。这个故事似乎想要赋予男女之情完整性、唯一性，好像一个人只能有最对口的那一半苹果，如果找不到，那这份感情还不够完美、有些遗憾。

你看，连神都喜欢赋予爱情最美好的样子。

其实我是不太相信"一半苹果"、缘分、命中注定等等这些把爱情神话了的传说和词语。虽然爱情是很"人本位"的感性事物，但在相遇、结合这些事上我更相信概率——没错，就是那些没有温度，也不浪漫的数字。

刘若英的《原来你也在这里》这首歌里有这样一句歌词"爱是天时地利的迷信"，"对的人"也许是某种迷信、信仰，但首先要有"天时地利"这个刚刚好的概率。

我相信两个人的相遇、相知、相爱背后靠的是概率，那个和你走到一起的人，一定比别人多了一些"胜出"的概率，或者在某方面拥有了较高的、被认可的概率；我相信爱情中没有"完美伴侣"这回事，更多的是相互补充、共同成长这种"偏比较级"的关系；我相信在爱情、婚姻的世界里不存在"高攀"这件事，能走在一起、共度一生的伴侣都是棋逢对手、势均力敌。

我的朋友小安嫁给了一个大家都认为"配不上她"

的丈夫。小安是 50 强外企的一名中层干部，工作时间"996"（朝九晚九、一周六天），年薪 40 万；除此之外，她还有傲人的马甲线，参加马拉松不逊于专业选手；同时她还是两家时尚杂志的穿衣顾问。小安在众人眼中优秀如"女神"，但小安的丈夫大风则是一个典型的"经济适用男"——在国企只是一名小职员，工资微薄、工作略显平庸。也许是偏爱自己的朋友，我们都认为，没有家世又赚得不多的他能娶到小安，真是高攀了。而且，结婚一年后大风就辞职了，专职做家庭煮夫，在家伺候老婆。有些朋友私下里念叨，虽然我们不需要男人赚钱养家，但三十几岁就"家里蹲"似乎没几个老婆愿意吧。何况小安不是普通的女孩，那可是众星捧月的"女神"啊。

小安却无所谓，她的原话是："大风开心就好，而且我也能吃得更好，何乐而不为？"

朋友们除了说大风上辈子一定是拯救了全宇宙这辈子才捡到了这样珍贵的老婆外，还能说什么呢。可接下来的发展还真让大家大跌自己的"有色眼镜"——"家庭煮夫"大风居然把伺候老婆这件事做得风生水起，不仅成了两性专栏作者，还因为做饭做得太好出了两本大卖的美食书，最近刚收到邀请去录制一档地方电视台的美食节目。

"家庭煮夫"大风现在是朋友圈里的明星大风，但他还是一顿不落地给老婆研究菜品，用食疗维护老婆的美丽和健康，定期给老婆写信夸她、说爱她，节日和纪念日用心准备礼物。所有人都认为这场婚姻不平等时，只有小安知道大风并没有"高攀"她，是她刚刚好的另一半。

第三步，能够和"他"一直走下去。

恋爱容易，婚姻难；相爱容易，相处难。这大概道尽了一段完整爱情的艰辛。光是保持一段关系的完整性几乎就用尽全身气力了，更别说想要爱情接近完美模式会有多艰难。

如果你经历过爱情、经历过分手就已经觉得撕心裂肺，很难再爱了，那要维持一段婚姻只会比这个难成千上万倍。我并非危言耸听。结婚前，我也曾经说出过类似"将来过不下去就离呗"这样的狠话，那时候觉得一生很长，爱情不短，不应该在错的人身上浪费太多精力。

可现实中，很多时候很多人的婚姻的结束并非是因为像电视剧里演的出轨，也不是身旁的那个人错得多离谱，消耗感情的往往是一些细小的不值得一提的事情，以及没有错得很离谱但就是不够称心的那个伴侣。

北京盈科律师事务所的张晶律师从 2012 年开始做离

婚诉讼，他接触了上百起离婚案件，发现这些已经或即将瓦解的夫妻关系中无一不是败给了生活中的琐事，而非出轨、背叛这类"猛料"。从养几只猫、丈夫只沉迷于打游戏到家里停电了没人去缴电费，小事对爱情和婚姻的破坏力超出我们的想象。

每对夫妻几乎都说过"我们也没有什么大问题，就是经常为了一些鸡毛蒜皮的小事吵架，过后常常连为什么争吵都不记得了"这样的话，包括我自己，过去我对此不以为然，现在却要另当别论了。真要是遇到"大事"时，结束一段婚姻反而更容易，可往往就是这种无关痛痒但又着实磨人的小事更让爱侣们头疼，能够解决、平衡、避免甚至消极应对——忍受这些小事，并且忍受一辈子，需要莫大的智慧和气量。很多夫妻，也许受得了一时，却忍不了一世，最终只能分道扬镳。

任何一对能走完一生的夫妻，无论让他们走下去的动因是什么，其实都值得我们敬佩，至少他们为了不让这段关系半途而废付出了旁人难以想象的气力。

大多数女性都想"嫁给对的人"，可什么是"对的人"呢？有人说是有趣的、宠自己的；也有人说是能和自己共同进步、共同成长的。人人都有选择的权利，这些想法没有问题，不过对"狠"女人来说格局还不够大。

"宠我，让着我"这种"小女人"作风明显不是"狠"女人对爱情和婚姻的所求；而"你年薪20万，我年薪也要到20万。你升任部门经理，我也要成为团队领导"这种共同成长和进步的婚恋关系在"狠"女人眼里也显得有些算计。

在"狠"女人眼里，好的爱情和婚姻应该是那个人和自己都能以家庭利益（这个"利益"不仅仅指经济）最大化为目标，同时在这个过程中双方还能找到各自舒服的、适合的位置相处下去。在这段关系里，只有理性衡量后的你情我愿，没有一颗装满委屈和付出感的心。就像史上最伟大的网球运动员费德勒和妻子米卡尔那样的爱情一样。

费德勒的妻子米尔卡年轻时也是一位网球运动员，比费德勒出名更早。她曾与一位迪拜王子相恋，王子家世显赫、家财万贯。在恋爱期间，王子开跑车带她去训练，为她在比赛期间订最贵的酒店套房，甚至开着私人飞机带她去参加比赛。相恋两年后，王子向米尔卡求婚。他说："只要你嫁给我，我的一切都是你的，但有一个前提，嫁给我以后，我不能忍受你每天出去打比赛。"

米尔卡拒绝了王子。她说："对不起，我不会为任何东西，放弃我最爱的网球。"

2000 年，米尔卡和费德勒作为瑞士代表团的网球运动员参加了悉尼奥运会，那时的费德勒默默无闻，球打得并不出色。他对清纯可爱的米尔卡一见钟情。2002 年，米尔卡因跟腱撕裂，不得不放弃自己的网球职业生涯。退役后的她，不仅是费德勒的女朋友，还当起了费德勒的经纪人、助理等等，帮他打理一切事务，只为让他安心打球。

自从有了米尔卡，费德勒有了坚定的方向和动力，他的天赋与努力被不断挖掘。他杀入男子网球排行前 50 名又冲入年终世界前八。直到 2003 年，费德勒在温网捧起了他人生的第一个大满贯。从那时开始，费德勒便多年蝉联世界第一。

虽然身边有一位球技超群、身价不菲的男朋友，米尔卡仍十分低调。媒体曾经试图采访她，米尔卡只说了一句话："我们没有什么爱情故事，费德勒需要安静，我们的爱情也需要安静。"而费德勒成名后，没有被任何光环虚晃了自己的意志，在体坛明星频频爆出生活丑闻的时候，他和米尔卡就这样安静地过着自己的小日子。

随着费德勒的走红，很多粉丝开始攻击米尔卡，说她配不上费德勒。但费德勒对他们说："我的妻子为了我的饮食，每天都尝试着各种芝士和意大利面的做法，她为我付出了很多，她是上帝派给我的专属天使。"在费德勒巅峰时期的那几年，他作为专业网球选手，竟然没有一个固定的教练。陪在他身边的，只有米尔卡一人。

2009 年，费德勒与米尔卡步入了婚姻殿堂，婚后的他们一如往常地恩爱。米尔卡快到预产期的时候，费德勒为了不耽误训练又能第一时间照顾妻子，就把手机绑在袜子里，一边练球，一边接听来自妻子的消息。费德勒不止一次对媒体说："没有米尔卡，根本就不会有今天的我。"就在他将近四年颗粒无收的日子里，支撑他的，除了对网球的热爱，还有米尔卡的支持。

有记者问及他退役的事情，费德勒是这样说的："对我来说，家庭更加重要。现在是米尔卡每天陪着我四处征战，如果有一天，她厌倦了这种漂泊，那就是我退役的时候，因为我不能想象没有她陪伴的日子。"

在"费米"爱情中，我看到的不是牺牲与付出的计较，而是 1+1>2 的合力。我始终相信，"共同"这件事在爱情、婚姻中非常关键。共同进步，共同成长，共渡难关，这才是守护真爱的姿势。

## ♀ 别把另一半当成不努力的借口

"并不想追求家庭和事业平衡，工作是人生第一伴侣。"这是许多"狠"女人总结出的职业观。

过去，成功女性总是被塑造成能够兼顾家庭和工作的人。她们不仅工作出色、身居高管之位，同时也是个能照顾好丈夫和孩子的好老婆、好母亲。身为女性，如果你只是在料理家庭方面出色或者只是在职场上出彩，抑或好不容易两方面都兼顾了，但做得不尽如人意，不好意思，你赚不到什么好评价。做全职主妇、贤妻良母，一般被扣上的帽子是"不独立"，"没能与另一半共同进步"。那如果你在职场出彩呢？身居要职，贡献突出，年薪六七位数，车、房统统自己买，是不是就会成为传说中的"成功女性"呢？无须我多言，我们都知道这个社会对"成功女性""女强人"这类人的容忍度有多低。在做第一份工作时，我曾亲耳听到同事们如何议论那位女区域经理：

"真可怜，单身一人也没什么精神寄托，只能做工作狂了。""就她这种在工作上的张狂劲儿，谁敢要她？"

所以市面上才有诸多书籍和文章教女性们如何平衡工作和生活。

如果对"平衡"的定义是对工作和生活都能照料、顾及，我相信这样的女性不少。甚至说，当下很多女性都是"成功的"，因为她们在工作上有不俗的表现，同时也能维持自己的家庭正常运转。但完美与理想总给女性这样的压力：

工作上，你职位不能低，得是公司骨干，为公司每年创造高额的价值；

收入上，赚得要和丈夫半斤八两，要承担起至少一半的家庭经济责任；

家庭上，你得能定期给丈夫、孩子下厨，暖暖他们的胃和心，还能和公婆和睦相处、讨他们欢心，最好能有实力和时间每年定期捎上父母来次欧洲游；

对孩子，你要清楚他的学习进度、优势和进步的空间在哪里，能辅导他功课，能不落下学校安排的亲子活动，还能和老师以及其他孩子的家长搞好关系，随时知晓学校的风吹草动。

对了，还有你自身呢。即便承担了上述所有种种，你也必须维持身材纤细、气质优雅、肌肤紧绷、貌美如花。

追求这种完美的"平衡"，要付出多大的代价，这一笔账谁都能算得明白。聪明女人知道一个人的时间和精力都是有限资源，选择把 90% 的资源投入给 A，就不可能让 B 达到 100 分。当你在职场和客户、老板、同僚、下属搏斗了 12 个小时后，剩下的时间即便时间本身允许，你自己的精力也不允许你把家庭照顾到完美。更何况，还有因个人喜好而导致的选择倾向呢。所以，她们不会因为"失衡"而内疚、懊悔。她们明白"世间安得双全法，不负如来不负卿"的道理。正因此，无论她们是选择奉献给家庭还是选择奉献给工作，都会全情投入、无怨无悔。

我的大学同学梅花就是如此，在打算要二胎时，她毅然决然地辞职。虽然当时她刚完成公司的一个重要项目，即将被提拔为副总监，但深思熟虑后她还是选择回归家庭，当一个"全职主妇"。梅花的父母、亲戚怎么劝都劝不住，说："你生完我们来帮你养就好了啊，干吗要辞职呢？那么好的工作，那么高的职位，那么丰厚的薪水，而且你辞职后与社会脱节，对家庭没有财务贡献，靠男人吃饭能靠多久呢？万一感情出问题你怎么生存？"

而梅花有她的考虑。第一个孩子就是父母帮忙照顾的，那时她忙着竞争部门经理的位置，斗得昏天暗地，忙得四脚朝天，完全无暇分身照顾孩子。老人带孩子除了宠就是宠，梅花的父母也不例外，虽然孩子生活上被照顾得很好，但也有很多其他问题。比如孩子特别娇气，动不动就哭；遇到不合心意的事情就立马大吼大叫；与他人相处时非常霸道，不管是不是自己的东西，只要自己喜欢就立刻动手去抢，是个名副其实的"熊孩子"。

梅花想：副总监的位置和孩子的未来哪个是自己更看重的？她内心知道是后者，而且丈夫也支持她这么做，所以，她辞职辞得干净利落。

其实鼓励女性追求家庭、事业两不误并没有什么错，但"平衡工作和生活"从来也绝对不该是女性一个人的事。女性想要在"平衡"之路上走得顺利，个人认为至少需要满足以下四个条件：

首先，你自己要有一个明确的选择。

这种选择不是非 A 即 B 式的排他性的选择，而是需要你有一个明晰的重心：我希望通过家庭还是工作来更好地实现自我价值？

你可以通过各种性格测试来确定要把重心投向哪里，也可以去询问自己信任和崇拜的人，可以和爱人商量，可以和好友讨论，但最重要的是，你要问问自己的内心，究竟想要追求什么。在获得他人支持和建议之前，你需要自己下定决心去进行所谓的取舍。别人可以帮你解决部分"如何做"的问题，在这之前，你先要自己确认"做什么"。

不要贪心，什么都想要，最后只会什么都做不好，反而会让自己承受巨大的挫败感。也不要害怕，选择了 A 是不是就让 B 蒙受了巨大损失。损失和代价一定是有的，但收获与成长也是对等的。

其次，你需要获得家庭的支持。

Facebook 首席运营官谢丽尔·桑德伯格曾在著作《向前一步》里提过一个观点：女性事业的成功需要有一个理解她并能全力支持她的丈夫。

仅仅是追求事业的成功就需要另一半全力支持，更何况是事业家庭两不误，只有丈夫的支持恐怕是不够的。

如果你选择在事业上投入更多一些，你需要的不仅是丈夫的支持——他能理解你的理想，能帮你承担比较多的家务，更需要其他至亲的支持。比如，对孩子来说，他的母亲可能不那么顾家，无法常常陪伴他。这个时候需要让孩子理解你对他和这个家庭的贡献、价值在什么地方，否则很容易让孩子产生误会，以为他对你来说并不重要。

除此之外，如果你的父母、公婆"男主外、女主内"的传统思想比较严重，那你也要争取获得他们的理解与尊重，不要因为他们的"闲言碎语"影响了你和丈夫的感情，也不要对自己的选择产生怀疑。

再次，拒绝他人对自己指手画脚。

正如前面所言，除非你做到完美，否则无论你怎么选都不可避免会惹人非议，成为"女强人"别人会说你没人疼爱、不顾家；成为"贤妻良母"，别人又会说你没有自我、没有事业追求。生活和人生都是自己的，不畏他人的评价才能更顺利地行走。

最后，不要有其他负担。

我觉得能把生活和工作都做得特别出彩的女性除了自身的能力强大外，运气也很重要。

想一想，如果你和爱人各自在异地工作，可能你要耗费一部分时间和精力去守护好你们之间的感情；如果你的父母身体不好，可能你需要花更多时间去照顾他们；如果你生完孩子没人帮你照顾（在中国通常是一方老人帮忙带孩子；在美国，妈妈想要重返职场需要尽早去排当地的日托中心），即便你野心勃勃，当下也不得不做出"是否要做全职妈妈"的选择了。

对女性而言，工作与生活的成功与其他成功一样，需要天时地利人和，更需要全力以赴的"狠"劲。人类对完美的追求是不会停止的，无论是男性还是女性，对完美女人的期待也会一直存在。成为"狠"女人，不是要放弃成为一个好女人，而是我们可以更勇猛一些：

对待爱情，也许不必非要成为小鸟依人、备受呵护的那一种，而是无论爱情是否在身边，都能活成独立、美丽的自己；对待家庭，也许不必非要成为贤妻良母，而是记得你首先是你自己，其次才是妻子和母亲，要让你的伴侣和孩子明白你首先是个独立的人，然后才是其他身份，只有这样，他们才懂得更尊重你，并且承担起自己应该承担的责任；对待工作，你要敢于成为一个野心勃勃的女人，你也可以安心地做一个"螺丝钉"，无论出于什么选择，你都会尽全力把它做到最好、找到乐趣，而不是让工作只成为你定期领薪水的地方。

做个"狠"女人，首先要做个能够活出鲜活自我的女人，有温柔，更有力量；会感性，更懂理性；爱他人，更珍惜自己。然后你会发现，这种"狠"，会让女人更有女人味。

第二章

这个世界终会回报拼命工作的人

"Workaholic"：工作狂，这个单词上大学时我背诵过，但那时对它没什么感觉，甚至还有一点点嫌弃。中国的传统文化讲求"过犹不及"，凡事做过了头就不好，工作也一样。而且10年前我上大学时，人们对"工作狂"普遍持批判态度，因为他们总是以牺牲家庭和健康为代价，算起来得不偿失。

如果你是一位女性"工作狂"，可能更糟糕，背后延伸出的含义通常是：没有组建家庭或家庭不幸；有家庭也是丈夫不够优秀，才需要你在职场上努力打拼；而且一定有一张不近人情、冷酷、强势、凶悍的脸。

还好，这是"工作狂"过去的含义与形象了。从我开始工作到现在，10年过去了，很开心看到"工作狂"正逐渐变成一种赞美。现在说一个人是工作狂，延伸出的含义通常指：能力强、地位高、赚得多、有追求。

我觉得自己很幸运，有一位把事业放在第一位的母亲，让我在很小的时候就意识到工作不仅仅是男人的事，女性也可以且应该有自己的一片天地；工作后，很巧合，带我的三位直属上司都是女性，各个"心狠手辣"，却因为在工作中取得了比男性更优异的成绩而受到大家的尊重。这让我明白，女性展现自我价值的渠道不只是料理家务，照顾好丈夫和孩子，职场同样可以是我们展现魅力的舞台。

## ♀ 什么时候拼命工作成了嫁不出去的 "Option（选项）B"？

我身边有不少女性即便不赞同"女人的本职工作应该是嫁人、生儿育女、料理家庭"的论调，但依然觉得，身为女性，在工作中确实不需要太拼，有个安稳、舒适的工作就好。而找个清闲工作的原因则是担心自己与社会脱节或只把家庭当成自己全部的世界，不够"新时代"，会遭人非议。

说到职场，很多女同胞始终还是认为那是男人的世界，女性的第一要务还是打理好自己的容貌，然后凭借自己的慧眼和智慧找到一个好丈夫，这才应该是女人的世界。然而打理好自己重要吗？重要！嫁对人重要吗？重要！可这些并不影响我们女性在职场上也有一番作为。从什么时候起，拼命工作成了嫁不出去的"Option（选项）B"了呢？

在这方面，我尤为佩服雅虎前 CEO 玛丽莎·梅耶尔，这位貌美如花的互联网行业巨头 CEO，嫁得如意郎君却依然坚持一周工作 130 小时，更创下了只休了 11 天产假就回来工作的超强纪录。

2017 年 6 月 13 日，美国大型通信企业威瑞森（Verizon）宣布完成了对美国互联网行业巨头雅虎品牌核心业务的收购，22 岁的雅虎刚进入青年就迈入了晚年，从此只能成为人们回忆中的传奇公司了。

雅虎就这样退出了互联网的舞台，一并离开的还有它的第五任 CEO 玛丽莎·梅耶尔。网上有人评价梅耶尔是互联网巨头公司里最"水"的 CEO。曾经的雅虎，巅峰时期雇用了近 17.5 万名员工，市值达到 1280 亿美元，而这家巨头公司于 2017 年 6 月 13 日终结在它的第五任 CEO 玛丽莎·梅耶尔手中，仅以 45 亿美元的价格被威瑞森收购。

大家曾寄希望于她能成为"女乔布斯"，力挽狂澜，重振雅虎，所以 5 年前把帅印交给了 37 岁的她，但她终究未能挽救雅虎的命运。可即便梅耶尔失败了，她的努力、取得的成就、创造的贡献依然值得我们敬佩。

梅耶尔是那种不优秀不成活的人。

中学时的她是学校辩论队的明星辩手，获得过州辩论赛冠军；是校啦啦队队长、芭蕾舞队台柱。高中时课间休息一般是 20 分钟，但梅耶尔是那种在厨房或者自动贩卖机上随便拿点食物吃，然后就马上钻进图书馆或者实验室学习的人。她从来不会待在某个地方，利用那 20 分钟的休息时间去闲聊。

申请大学时，梅耶尔曾向 10 所大学递交申请，包括哈佛大学、耶鲁大学以及斯坦福大学，10 所全中，最终她选择了斯坦福。

进入大学后的她虽然有了更多自由，但并没有热衷于去做 "party 女王"，依旧保持着刻苦的精神，她时常因熬夜学习而来不及换衣服。朋友眼中的她总是书不离手，学习很刻苦，无论做什么都会事先计划好，安排得一丝不苟。她对人和善，但不善言谈，总会躲开朋友们的闲谈，跑去别的地方学习。

梅耶尔原本立志要当脑科医生，却因为嫌课程枯燥乏味、无法训练她的思考能力转向横跨语言学、哲学、认知心理学、信息科技的符号系统学作为主选课，专攻人工智能，取得了信息科技硕士学位。

毕业时，她 "横扫" 卡内基·梅隆大学、麦肯锡咨询公司和甲骨文公司等 14 家世界顶级学府与企业的 offer，最终却 "鬼使神差" 去了斯坦福学长刚建立不久的 Google，成为 Google 创业之初的第 20 名员工，也是 Google 历史上首位女工程师。

从 1999 年到 2011 年供职 Google 的 12 年里，作为第 20 位员工的梅耶尔成了 Google 副总裁，她直接管理着 200 名 Google 经理，间接管理着 3000 名软件开发工程师，她所管理的地区服务业务占到了整个 Google 公司的 20% 至 25%。因此，梅耶尔也被称为"Google 公司最有权势的女人"，她甚至曾被《新闻周刊》评为"当代最有权力的女性之一"。

2012 年梅耶尔担任雅虎 CEO，成为"雅虎铁娘子"，在当年《福布斯》杂志的"2012 年全球权势女性 100 强排行榜"中排名第 21。

梅耶尔掌管帅印后的头两年也曾扭转雅虎颓势，在上任第一年，雅虎股价从 15.74 美元飙升到 28 美元，公司的价值上涨超过一倍，一度高达 330 亿美元（虽然这很大程度上归功于其持有的阿里巴巴股份）。

更重要的是她聚拢了员工们的民心，提升了士气。"以往公司停车场都要等到早上 10 点才会全满，然后下午 4 点立即清空；梅耶尔上任后却是早上 8 点就全满，下午 6 点半还未清空。"

很多人一听到 IT、工程师、编程这些词，脑海中就会冒出不修边幅、连着十几个小时面对电脑的程序员形象（世界首富比尔·盖茨除了以富闻名外，在圈子里还以不洗澡发臭而出名）。即便是凤毛麟角的硅谷女性，大家也很难把她们和美丽联系在一起。而梅耶尔是个例外，她若想"靠脸吃饭"完全没有问题。

梅耶尔天生丽质，有一副俏丽迷人的面孔，因此拥有"硅谷第一美女"的封号。她曾登上亿万女性追捧的时尚杂志 *Vogue*，不仅外表时尚美丽，她的代码也写得相当漂亮——为人也十分健谈亲和，一改程序员、工程师只会埋头苦干，不善交流的"Nerd"形象，成为美国电视新闻节目和脱口秀节目中的常客。

但她并没有因为前 Google 副总裁、雅虎 CEO 这些职责就忘记享受生活。她说 Stuart Weitzman 是她"生命中不能缺少的"东西（Stuart Weitzman 是高端鞋履品牌，是美国前第一夫人米歇尔·奥巴马钟爱的品牌，也是明星红毯秀上常见的鞋）；她开心时就在自己价值 500 万美金的豪宅、著名的四季酒店 38 层开 party；她一掷千金地在慈善拍卖会上花 6 万美元换取与自己喜欢的著名设计师奥斯卡·德拉伦塔共进午餐的机会；她还在住所的天花板上安装了约 400 件玻璃雕塑品，均出自著名玻璃雕塑师戴尔·奇胡利之手，单件均价 1.5 万美元。据说这些雕塑品在运输过程中还曾引发交通大堵塞。谁说搞 IT 的没有"颜值"可拼？谁说 CEO 只能埋首于文件和会议中？谁说身为成功女性做人最好低调、淳朴？这些"规矩"在梅耶尔这里统统失效。

梅耶尔并没有因为工作繁忙就耽误自己的终身大事。她和丈夫扎克相识于一场慈善晚会，男方是一名房地产投资经理，出身名门，从哈佛大学环境科学和公共关系学系毕业，还在乔治敦大学获得法律学位。两人不仅智商、学历相当，在相貌上也般配——梅耶尔美丽，扎克高大潇洒，两人后来喜结连理。在 2012 年福布斯发布的全球最有权势的 15 对夫妻中，梅丽莎·梅耶尔与扎克·布格上榜。

"白富美"、CEO、时尚女王、幸福的妻子，这些标签里能有一张在世人眼中就已经足够成功了，梅耶尔却一张不落。

会享受生活的她自然更会享受工作，虽然在常人看来那是疯狂，甚至是虐待自己，但梅耶尔却乐在其中。在她的职业生涯里有两个传奇的数字：4 小时和 11 天，她每天只需要睡 4 小时却还能精力充沛地工作，著名的硅谷八卦博客 Valleywag 甚至称她为"机器人"，一周工作 130 小时；而 11 天是她休产假的时长。

美国法定的产假只有 6 周，已经短得"令人发指"了，而梅耶尔告诉我们：产假，其实还能更短。我也曾跟过

"拼命三娘型"的女上司，产假只休了1个月就回来工作，休假期间手机、邮箱保持畅通。但梅耶尔的纪录应该很难被打破。

她曾在《纽约客》周刊的采访中说道："怀着一个生命，也要服从于工作"，"生育能力、智力和雄心壮志有时候可以共存"，"做一名母亲能让我更好地行使高管的职责，因为母亲的身份会迫使我对事情分清主次"。

当时的梅耶尔刚接手雅虎CEO帅印不久，她说："如果我接受了这份工作，显然就不能再休那么长的产假，得另寻他法与自己的小宝宝多待些时间。"于是，她自己掏钱把办公室开辟出一个空间，让保姆和宝宝离自己更近一些。

和同样是从Google走出并成为Facebook COO的雪莉·桑德伯格不同，桑德伯格追求的是"下午5点半就下班回家去带两个年幼的孩子"，希望工作与家庭兼顾；而梅耶尔从未在公开场合提出过事业与家庭平衡这个想法，她做的一切都只是希望能够腾出更多的时间去工作，所以她并不会因为每周工作130小时而对自己的家庭和孩子感到内疚。

能够想象，与这样的"狠角色"共事，自然是很辛苦的。一反大家对于"女上司"更加温柔的期待，她们不仅仅要求自己满分，对下属也是"铁面做派"。曾有一名应聘者因为成绩单上宏观经济学这个科目得了一个 C 就被梅耶尔训斥："这看起来让人觉得不舒服，好学生应该门门优秀。"而且她讲话语速极快，非常受不了别人跟不上她的速度。梅耶尔自己也曾说过"希望工作中被优秀的人包围"。也许有人会说她不够"温柔"，但她的优秀与强大，让她拥有足够的自由去选择。

她在雅虎虽然以失败告终，但 42 岁的梅耶尔一定不会就此作罢。她曾在接受媒体采访时说过："当你准备走出下一步，或者准备承担更多责任时，你应该按照下一个更高阶段的要求开始工作。"

女性拼命工作需要什么特别的理由吗？不需要！人美、嫁得好还需要拼命工作吗？当然需要！让我们坚定地说出来吧。对于像梅耶尔这样优秀的女性来说，拼命不过是出于本能，出于惯性。她们通过工作获得了巨大的财富、名望、地位，这是世界给她们的丰厚回报。但真正享受拼命工作的女性从来都不是首先为了这些，她们想为世界创造价值，也希望通过工作来彰显自己的价值。

　　也许有一天，当我们能够视"狼性"为平常，能够追求在职场上"厮杀"个痛快而不把这视作另类时，男女平等的时代才算真正到来。

## ♀ 突破"性别天花板",任重但道不远

女性为了追求能够在职场上有所作为,我们的前辈们可是走过了一条极为艰难的道路的。

女性主义思想启蒙于 17 世纪中期。1785 年世界上第一个女性科学研究社团 (scientific society) 在荷兰共和国南方一个叫作米德堡的城市成立。18 世纪以来,西方社会越来越多的人发现女性在法律上受到不平等的待遇,所以逐渐出现了女性运动。在长达两个世纪的运动与抗衡中,妇女们在 20 世纪渐渐赢得了投票权。第一次世界大战后,由女性自身发起的和平女性运动最终受到各国政府重视,女性为自己赢得了尊重与合理权益。

除了争取女性投票权利的道路走得颇为艰辛外,女性工作的权利也来之不易。在许多国家,因为保守势力的反扑,特别是回报战士的社会压力,有些时候女人甚至要放弃战前就已经有的工作,让位给退伍还乡的士兵。许多女人只能做体力工作。另一方面,由于两次世界大

战的缘故，男性劳动力匮乏，这让女人有机会进入被男性掌握的如军火、机械工业等重工业行业。女人甚至有了自己的职业篮球联盟。这展现了女人也能够做男人的工作，显示了社会对她们的依赖，这种转变鼓舞了女人们去努力争取平等的地位。

在第二次世界大战期间，美国铆钉工人罗西的形象广受欢迎，并且成为新一代职业妇女的象征。

现代女性当然有工作自由的权利，而且很多国家、企业也会制定法律、政策保护女性的就业权利，但即便是在经济相对发达、法律相对健全的美国，职场上还是常有性别歧视、"性别天花板"现象的存在。

据美国有线电视新闻网报道，美国妇女政策研究所调查显示，职场性别歧视现象仍旧很严重，在美国，平均女性工资仅为男性的七成。如果保持当前趋势持续增长的话，女性到 2059 年才能获得同酬。而且，根据住所、年龄、种族及受教育程度的差异，部分女性获得同酬的年限可能还会更久。

而女性高管更是凤毛麟角，增长缓慢。2016 年，据路透社（纽约）的一项调研报告，尽管女性占美国劳动力总数近一半，但在财富 500 强企业董事会中，女性仅占 16.6% 的席位，该比例自 2005 年以来几乎没有变化。

女性职业发展的道路从来都是任重而道远。

女性在职场上的确有自己的"性别劣势"存在，以下是几个常见的原因：

问题一：情绪化。

美国一项调查显示，在女老板手下工作的职员更容易感到焦虑不安，因为她们容易将个人情绪带入工作中，令员工无所适从。

《哈佛商业评论》曾发表过一篇关于女性情绪化的文章：

《环球科学》刊登的一项研究表明，女性受试者在面对会引起人某种情绪——尤其是负面情绪——的画面时，会比男性受试者反应更加强烈，更加情绪化。研究人员通过查看她们的功能性磁共振成像图发现，女性受试者产生的强烈反应与大脑中控制肌肉运动区域的活跃度提升有关。也就是说，从基因学角度看，女性的确比男性情绪化。她们面对负面事件或图片时情绪波动比男性更为强烈。

而情绪化是工作上的大敌，它使得我们效率低下、难出成果，并且难以与他人合作和沟通。

问题二：习惯性抱怨。

情绪化带来的必然后果就是抱怨多。男性更倾向于选择将不快压在心底，或者喝顿小酒找朋友倾诉一番，而女性习惯"张口就来"，并且把"我就是随便说说"当成理所当然。可没有上司、老板喜欢抱怨，抱怨是最无用处的，但因为女性"习以为常"所以成了晋升的路障。而这种事情就在我们身边时刻发生着。我的同事小 J 论资历、工作绩效都不错，但在竞争部门负责人时却输给了比她晚来一年的男同事小 G，上司对她的评价是：能力出色，但抱怨较多，容易影响团队士气。

问题三：看上去不够忠诚

想想你自己或者你身边的女同事是否说过类似的话：

"如果我当年嫁了更会赚钱的丈夫，就不用这么辛苦了，早就在家享清福了。"

"XX 公司可比咱们这里待遇好。"

……

美国社会心理学家亚伯拉罕·马斯洛发现，男人与女人发牢骚的形式有很大不同。男性习惯于就事论事，而女性更喜欢由点及面，赌气说出最为严重的结果。在办公室中，女性说辞职、跳槽的概率比男性高得多，尽管相较于男职员而言她们的离职率更低，却无意中给上司造成了"她对公司缺乏忠诚，可能很快就会离开"的印象。

问题四：追求"安全第一"。

相较于男性而言女职员更迷恋工作的延续性，更不喜欢改变和接受挑战。也许是本能，也许是习惯，也许是出于家庭等各方面的衡量后做出的举动，然而，领导永远更喜欢那些愿意经历多个职位考验的人。

我曾与我的两位大学同学聊过招人、升迁的问题，他们一位是沃尔玛人力资源部的负责人，另一位是腾讯的资深人力资源经理。他们说，无论是为公司招聘新人还是从内部提拔员工晋升，除了考量工作成绩和那些常备的职业素养外，他们最看重的就是这个人过去的经历和性格。经历多、有野心的人企业会更喜欢，说明他们有冲劲、好评估且未来可塑性强。

问题五：迷恋"窝里斗"。

在我们的日常印象或影视作品中（比如各种婆媳战争、宫斗剧），女性看上去更喜欢窝里斗、引起争端。伦敦商学院的一项调查显示，那些业绩中上、升职欲望强烈的女职员很难跟同事搞好关系，因为她们总担心别人抢走自己的职位。其实即便是男性也会担心自己位置不保、利益被瓜分，而且他们做起来会更绝对，只是他们会比女性做得更隐蔽一些。

想要在职场上赢得一席之地、获得尊重，除了克服上述问题外，最重要的是我们女同胞自己首先要在思想上真正接受工作、热爱工作，甚至，痴迷于工作。说得夸张点，不妨把工作视为自己的初恋去全情投入。

Facebook 首席运营官谢丽尔·桑德伯格曾在《向前一步》这本书里对女性同胞们喊话："我希望你们怀着进取心，在事业里全心投入，去掌控世界。因为世界需要你们去改变它，全世界的女性都在指望你们改变她们的命运。"

我们也许不需要像谢丽尔那样有如此大的格局，要去"掌控世界"，"改变全世界女性的命运"，但若能在自己的工作岗位做出成就，赢得同僚的尊重，聚沙成塔，终有一天女性在这个世界的地位会有大不同。

目前来说，女性在职场上的确处于弱势的位置。有不少工作和岗位会因为我们的性别、年龄、技能、传统观念而对我们关上大门。即便进入某个行业，做到较高的职位，也总会出现性骚扰、引诱上司、职业"天花板"、不能同工同酬等一系列问题。女性要解决这些问题，在职场上赢得认可和尊重究竟该怎么做呢？

我很庆幸自己在工作中跟随的上司都是女性，她们的言传身教让我总结出了三点经验，证明了女性在职场上完全可以大有所为。

首先，不要把自己当"女人"看。

不仅这个社会的男性，身为女性的我们对自己其实也有"刻板印象"。

我毕业后的第一份工作是在一家 500 强外企做管培生。在轮岗的第一年我们要学会公司的各种软件和标准作业程序，并且还要在入职后的第三个月进行考试，如果第一次没有通过会有第二次机会，在一个月后重考，"二战"不过就要卷铺盖走人，满分 100 分，及格 90 分，所以压力非常大。

当时在学其中一个软件时，因为涉及一些数学公式运算让我心生恐惧。一方面，数学一直是我的短板，我人生秉持的原则之一就是能不碰就不碰，最好"老死不相往来"；另一方面，公司一直有传言说考核这个软件时，女生首次通过的概率非常低。

某天工作午休时，吃过午饭我在茶水间抽空复习，我们的 RM（区域经理）进来喝咖啡，看到我在复习就随口问了句："复习得怎么样了？有没有把握一次通过？"我如实作答："其他还行，就是 XX 软件有点担心，谁让我是女生，天生对数字不敏感呢。"RM 放下咖啡杯，严肃地对我说："在工作中永远不要用'因为我是女的……所以……'来当你工作不能做好的借口。"

10年过去了，这句话我却记忆犹新，每每在工作中遇到挫败时它都跳出脑海鼓励我。也是从那个时候起，我渐渐抛开了工作上的性别意识。在职场上，性别不该成为区别。

"因为我是女的，所以这么想很正常啊。"

"因为我是女的，所以你来做更合适啊。"

"因为我是女的，所以情有可原吧。"

……

正是因为我们是女的，所以才需要更加出色。

其次，目标导向，结果第一。

当我们拆除了职场上"男女有别"这个壁垒时，接下来的职场"秘籍"就没有性别之分了。无论是男职员还是女职员，只要你受雇于组织或某人，你就有责任成为有价值且价值越高越好的员工。

有句话叫"职场不相信眼泪"，我非常认同。职场何止不相信眼泪，只要是与价值、贡献无关的泪水、汗水、苦劳、付出在职场上都不算什么。雇主付给我们薪水，我们提供相对应的服务，各取所需。工作的本质首先是赚取利润、等价交换，反而现在提倡的"快乐工作"这类伪职场哲学我才觉得奇怪，职场又不是"风月场"，没有对人"卖笑"、讨人欢心的义务。

作为一名专业的职场人，只要在位一天就要把完成计划、实现目标、创造价值、提供贡献放在第一位，目标导向、结果第一是无可争辩的评估职场人优秀与否的标准。这条标准绝无性别之分。

在这一点上，我上一份工作的领导可谓做到了极致。团队目标几乎完成，但是差一点她也不会放过，放弃休假约见客户，一天拜访了 10 个人。我还记得她对负责约谈客户的秘书说："我的时间从早上 8 点到晚上 10 点都可以排，午饭留出 20 分钟就够了。"最终，年度目标超额 30% 完成。

最后，再贪心一些。

这是我从李一诺身上学到的。

李一诺，清华大学本科毕业，后来在全球排名第 15 位的加州大学洛杉矶分校攻读生物学博士。工作后她的职业轨迹也非常漂亮：麦肯锡前合伙人，现在的比尔和梅琳达·盖茨基金会北京代表处首席代表。

不仅个人事业成功，一诺还有个非常幸福的家庭，在生育了三个孩子后，还依旧保持着马甲线。她的"二宝"和"三宝"是她分别在升任麦肯锡副董和合伙人时怀上的。当时的她，挺着大肚子到处飞，生完后还亲自陪伴宝宝1年多。这些过往说起来不过三言两语、轻描淡写，但只有经历过一手家庭、一手职场的女性才知道过程有多艰难。更何况，李一诺每天的日程安排也许有常人的三倍之多。

她曾说过，女人还是要"贪心一点"的好。

"要贪心一点，就是别觉得'想要'是一件坏事。只要不妨碍别人，对自己要求'贪心'一点是件大好事。我又想要孩子，又想要工作，还想要有情趣的生活，那就定这个目标，然后想办法实现。如果自己都不'贪心'地想，那你想要的生活也不可能从天上掉下来。"

一诺曾经想学油画，想学钢琴，但又要工作又要陪孩子，家里还有老人，看上去怎么都不可能实现。但最后她还是在三十六七岁时学会了钢琴和油画。晚上10点以后才有空，那就把老师请到家里来教画画；学钢琴夜深人静怕吵到家人，那就买电子钢琴插着耳机练习。

对工作有抱负的女性，如果想要升职、赚很多钱、"杀"进高层，那就让我们先把梦做起来，然后一步步去实现，不要让结婚生子成为自己职场生涯终结的"借口"。

像爱初恋那样去爱工作,用一颗纯粹的心,全情投入,这是我们女同胞们在职场获得地位的开始。

## ♀ 做领导，男人也许更多，但女人必须更强

　　领英曾做过一项调查：74% 初级或中级职位的女性都希望追求更高的职位，比如 CEO。但在一男一女两位候选人的经历、资质都完全相同的情况下，男性被录用的概率要大于女性。即便是被录用后，女性往往要付出更多，才能升到高级职位。那些最终成为中高层的女上司们，不仅出色，而且一定有自己的一手绝活。

　　我曾跟过几位女性领导，也曾和其他公司的女性高层打过交道，她们给我最大的感受就是特别敢于"下狠手"——对下属，也对自己。

　　比如，我大学实习的那家公司是一家在香港上市的大公司，员工超过 300 人，组织结构复杂，员工之间除了同部门或跨部门合作的同事，大家几乎不认识彼此。但公司上下几乎没人不知道我所在部门的领导 Lin（林），我实习了 6 个月，没见她笑过一次，名副其实的"高冷风"。

　　Lin 最经典的"事迹"是有位怀孕 8 个月的下属某天身体不舒服想请假检查，Lin 的第一反应不是担心（毕

竟是孕妇啊）或关心，而是甩出一句："怎么那么娇气？女人谁还没怀孕这一关要过啊。"

尽管最后批了假，但"狠辣"的名声算是传开了。

据说 Lin 当年生孩子时，羊水破的前一秒还在开会，突然破水后一边往医院送一边还在车上开视频会议，半年的产假休了 1 个月就回来工作。刚回来上班第一天下属小庄在茶水间碰到她问她生产过程是不是很疼，是否顺利。Lin 脱口而出："还挺顺利的，就是有点大出血，在 ICU 待了一晚上。"下一句就是："你跟进的关于 X 公司的项目书我看过了，早上已经写了修改意见发你邮箱了。"

小庄惊呆了，那个项目书是她昨晚熬通宵完成发给 Lin 的，有四五十页，而现在才上午 8 点半，Lin 开工的第一天，居然就收到了反馈。

除了像 Lin 这种"狠辣"派的领导，我还跟过一款"以柔克刚"派的女上司。

Sherry（雪莉）曾作为我的直属上司与我一起共事过两年。她有非常典型的江南女子的脾性，温婉、柔情，却非常有韧性。

比如，一般的领导在下属没有完成任务时，他们的做法多半是把下属训斥一通，或者直接就让他卷铺盖走人，Sherry 却会什么都不说，然后自己默默把这项任务执行一遍，然后用超出满分的结果展示给你，让你知道你认为不可能完成的任务其实是能做到的。

当时我们团队来了一个新员工，工作了 3 个月就经常喊累，说工作安排不合理，目标制定有问题。Sherry 听闻后也没多说什么，让这位员工抽出 3 天时间来什么都不干，只跟着她看她怎么工作、超额完成目标。3 天后，那个员工再也没喊过苦累了，在 Sherry 的指导下用了 1 年的时间就获得了"年度优秀员工"的称号。

别的团队领导建议 Sherry 不如早点儿把这种害怕吃苦怕累的员工炒掉，何必还带在身边悉心指导浪费自己精力，她说："当初是我招她进来的，我看好她，有问题也应该是我先从自己身上找原因，而不是完全不给下属机会就开掉。"

可能很多人会觉得遇到像 Sherry 这样的上司很幸运，而如果跟了 Lin 这种"女魔头"简直倒霉。其实，无论是 Sherry 还是 Lin，尽管两人领导风格迥异，但她们的工作态度和完成目标的坚韧决心是完全一致的，最终取得的工作成就同样显著。不过领导风格的确对团队有巨大影响，到底哪一种女性领导风格才是最好的呢？

新加坡国立大学李光耀公共政策学院与亚洲协会联

合发布的《上升到顶端：亚太地区女性领导力调查报告》中指出："女性力量正在崛起。在过去的 30 年里，其他任何领域都没有像女性领导力一样发展得如此之快。"像 Lin 和 Sherry 这样的女性中高层领导已经在世界的不同舞台上展示出自己，形成"她"领导。

但因为在大多数领域中高层还是以男性为主，所以早期的社会和研究会建议女性领导模仿男性领导的行为和风格去展示领导力。对此，瑞士洛桑国际管理发展学院（IMD）的教授图格（Ginka Toegel）曾在接受《哈佛商业评论》采访时指出，"这个策略并不聪明"。她说："许多女性领导人发展出兼顾男性与女性行为的领导风格。一方面，她们展现得非常自信、有决断力，能够掌控局势，并且强势；另一方面，她们保有女性特质，展现温暖、友善、关怀与支持。因为她们如果不能同时展现这两方面的行为，几乎不可能被职场接受。"

图格举了一些很好的"兼顾"的例子。

德国总理安格拉·默克尔（Angela Merkel）行事果决自信，但管理直属下属时，许多人说她和蔼可亲。她在德国收容难民政策上展现的态度，也符合社会对女性领导人展现母性关怀的期待；百事可乐前 CEO 英德拉·努伊（Indra Nooyi）是强势的谈判者，无人质疑她的商业直觉与决策能力，但是，她也会对直属下属展现母亲般的形象，例如送他们小礼物或生日蛋糕。

这种"兼顾"的方式看上去像是提高了要求，实际是能让女性领导人保有女性特质，保持真我，避免内在冲突。因为无论多好的模仿，女性永远也不可能变成男性。

作为女性领导，风格可以是多变的，因地制宜、因人而异的，只要在这多变中不丢失"真我"才是最重要的。

当然，希望女性同胞们对待工作全情投入不意味着倡导大家不要生活，不要爱情，不要家庭，而是不妨在工作上更豁出去一些，更对自己严格要求一些，更有野心一些。财富 500 强企业金宝汤公司（Campbell Soup）的 CEO 丹尼斯·莫里森（Denise Morrison），曾被《财富》杂志誉为 21 世纪最有权力的女性。在攀上食品行业顶峰的同时，她还将两个女儿抚养成人。她曾在接受《财富》杂志采访时说："我相信快乐的源泉来自成就和自尊。抱负是女性气质的一部分。所以，你可以雄心勃勃，同时也可以很女人，两者可以兼得。"

这才是"狠"女人应该有的"范儿"！

# 第三章

# 越"狠"的女人，在爱情里越迷人

先讲两个故事吧。

我身边的一位女性，已经快要 60 岁了。这位可以说算是同龄人中的"人生赢家"了，五官本来就长得不错，后天又勤于保养，所以看起来像 40 出头的样子。她的事业也算小有成就，在 20 世纪 90 年代初期人人还吃着大锅饭、端着铁饭碗的时代，她果敢地把工作辞了，下海经商、创业，苦干十几年，让自己的家庭很早就走入了小康的行列。按照现在流行的词来说，她属于"大女主"型的女人，她也有一个幸福的家庭、美满的婚姻。她和她的丈夫应该是我见过的"50 后"夫妻中最"腻歪"、最爱"秀恩爱"的人了。

只要他俩出门，无论是逛街还是遛弯，一定手拉手，这个习惯至今没有改变。都说爱情中，两个人相处久了，拉对方的手就像摸自己的左右手，但即便如此，他们也从未放开过对方的手；还有，加起来 100 多岁的两个人，对彼此的称谓也是甜蜜无比,男方叫了女方 30 多年的"宝贝",女方叫了男方 30 多年的"成哥哥",而且 30 几年来,出门、进门先吻一下的习惯一直都还在。

总有人问这位女士,你这么年轻,怎么保养的啊?她的答案几十年如一日:"我有一个疼我爱我的好丈夫,这是女人维持年轻最好的保养品。"

这对总是对我"甜蜜暴击"的夫妻就是我的爸妈。

第二个故事也是关于一位女性的。

这个女人年轻时因为出众的姿色嫁到了豪门,先后为大家族添了 3 位男丁。但光鲜靓丽的背后却是各种束缚,和朋友外出要提前报备,出席宴会戴首饰要去婆婆那里领还要登记,用完后不能忘记归还。最让她难以忍受的是丈夫的出轨背叛。所以,在结婚 27 年后她选择了离开豪门,和丈夫离婚。此时的她已经 47 岁,按"男人四十一枝花,女人四十豆腐渣"的标准来说,她此时连豆腐渣都算不上,但依然放弃了外人都羡慕的富太太生活。就在众人猜测她将孤独终老的时候,50 岁的她接受了身价 47 亿的富商的追求,再次嫁入了豪门。

这个人就是霍启刚的亲妈,也是香港首位双料港姐朱玲玲。

之所以要讲这个故事,是因为它很好地代表了我理解的"狠"女人对待爱情的方式。爱情、婚姻是很多女性的刚需，对"狠"女人来说也不例外。虽然她们醉心于工作，执着于自我成长，但爱情亦是她们的必需品。只是，与很多情到浓时不顾一切，缘分尽时就沦为怨妇，感叹着"不再相信爱情"的普通女子不同，"狠"女人的爱情始终多了一份理性在其中。

爱到深处，我大方发糖；爱不在时，我亦懂得止损，不畏破碎。

## ♀ 最怕女人在爱情里活成宠物的模样

之前有个读者朋友问我，你在美国也待了一段时间了，美国的女性真的像美剧里演的那么独立吗？

是的，她们真的那样独立。不是演出来的，而是活生生地践行着那些我们也许会认为"不可思议"的独立。初来美国，最让我震撼的有两点：

第一，这个以富裕著称的国家大部分人都过得很朴素、节俭。

人们喜欢逛二手店，不用的东西会放在家门口给需要用的人；开会剩下的咖啡、食物也会放在大厅注明"请分享"；很多美国人穿衣朴素得一年四季都穿 T 恤、牛仔裤。

第二，美国的很多女人独立到让自己活成了男人。

一人带三个娃已经是家常便饭了。我见过这里的女性自己在路边用千斤顶换轮胎，自己上房修葺家里的屋顶，夏天开着修理草坪的车子整理门前的草地，冬天扛着铁铲一下一下清理干净自家门前的雪堆。

但最重要的不是这些外在的独立，而是她们在两性关系中对另一半的依赖、寄托远少于咱们中国女性。与我相谈的众多美国朋友都表示，美国的夫妻也会吵架，女性更在乎的是这件事到底谁对谁错。如果是男方的错他有没有道歉？而我身边不少中国女性朋友告诉我，她们更在乎另一半有没有第一时间照顾自己的情绪、哄自己。至于是非对错，可以排在情绪之后再解决。而在一段关系里，美国的女性会认为两个人的爱应该是平等的，而我们更喜欢追求的是你爱我多一些还是我爱你多一些。

我的好友最近就经常和我抱怨丈夫没有以前爱她了。她说："以前我发小脾气丈夫都会哄我、和我认错，可现在越来越没耐心了，我生气他也不在第一时间哄我，分明就是对我厌烦了。"很多女性，包括我自己在内，都会对另一半抱有这样的想法：我是女人啊，你一个男人干吗和我计较；我是你老婆啊，你当然得让着我、宠着我。

我们都希望自己有一个"二十四孝"丈夫：能赚钱，愿意给你花，无条件忍让你，你生气了第一时间哄你、你不开心了抛下一切安慰你，能读懂你的眼神、猜中你的心思、说你想听的话……总之就是一年 365 天、全年12 个月、一周 7 天、每天 24 小时全方位、无死角地哄你、宠你、爱你。就像对待宠物一样去无条件地以你为中心，呵护你。

　　可如果女性总是抱着这种意识来演绎自己在爱情、婚姻里的角色，注定是痛苦的。我们对另一半有了过高甚至是不合理的预设，当这种预设没有实现时，只会徒增自己的痛苦和对婚姻的失望。为什么我们要靠他人来治愈自己呢？为什么我们不能尝试着用自己的理性和自控来对待自己，让自己舒服起来？

　　女性的独立不仅体现在经济上，精神上、情绪上、寄托上的独立也非常重要。在我看来，需要仰仗另一半来调节自己喜怒哀乐的老婆和需要在经济上依靠丈夫生活下去的老婆是一样的，都是自我能力的缺失。

　　宠物和人的区别在于：前者要靠主人喂它、逗它，它才会摇摇尾巴，高兴或沮丧；而人——无论男女——有能力为自己的一切负责。所以，女人千万不要让自己活成宠物的模样，在别人的情绪里讨自己的喜怒哀乐，包括自己的另一半。

## ♀ 成熟的爱情，是不再计较这两个问题

在美国我认识了比尔夫妇，一对结婚 45 年的夫妻。熟识后，比尔的妻子雷切尔和我讲述了他们"离经叛道"的爱情故事。

当年，雷切尔是大人口中的"问题少女"：未成年就抽烟、喝酒，经常旷课，还帮要好的女同学出头打架。高中读了四年好不容易毕业，上大学是没什么机会了，就去念了护校，毕业后的她成了一名护士。比尔就是她照顾的病人之一，他因为参加大学橄榄球比赛骨折住了院。

比尔是那种典型的明星学生，就读于名牌大学，不仅成绩好，还是校橄榄球队的队长。美国非常看重体育精神，如果一个学生在校有一项体育特长，会像明星一样受到全校学生的追捧。比尔就是被追捧的对象之一。

优秀的比尔喜欢上了叛逆的雷切尔，他也说不清是什么原因，总之"就是被她身上的独特精神所吸引，那是我周围的人未曾有过的"。比尔的父母当然极力反对这

段恋情，一开始以为他只是随便谈谈恋爱，腻歪了就分手了，没想到有一天比尔郑重其事地对自己的父母说，他要娶雷切尔为妻。

最终，比尔以和家庭决裂、断绝父子关系为代价换来了与雷切尔的婚礼。婚礼当天只有雷切尔的单亲母亲和母亲一方的家人参加。人们都说，得不到父母祝福的婚姻不会太幸福，比尔和雷切尔的婚姻确实走得也不顺利。第一个孩子夭折，因为缺钱比尔放弃了读到一半的硕士，又赶上经济形势不好失业，中途雷切尔还一度染上了酗酒的恶习，所幸最终改掉了。

比尔出生于标准的美国中产家庭，父亲是工程师，母亲是小学老师。如果没有遇到雷切尔，他原本预计的人生应该是读完经济硕士，去华尔街进入自己喜爱的金融领域，赚很多钱，娶个学历和家境相当的女孩组建家庭、结婚生子。

因为爱上了雷切尔，他的一生都改变了。最终他们定居在雷切尔家乡的小城镇里，生了3个孩子，雷切尔继续做着护士，而比尔成为大学里一名图书管理员。45年来，他们的婚姻虽然遇到过红灯但最终都挺过来了，现在生活得安逸、幸福。

只是，我这个听客依然心有疑虑，比尔放弃原本看上去前程似锦的未来，换来今天这一切，他真的甘心吗？会不会也偶尔反问自己："这一切值得吗？"

比尔听完我的疑问哈哈大笑，说，何止"偶尔"，但问值得与否这样的问题很愚蠢，尤其是已经做过后。重要的是如何让自己以后不要再问"值不值得"。

没错，当我们已经开始问自己"值不值得"这个问题时，就已经知道答案是"不值得"了，否则何出此问。但诚如比尔所说，重要的是如何在未来的人生里消灭这个问题。

在男女关系中我们很关心的两个关键词是"公平"与"自我"。

我们没法确保为对方支付了百分之百的真心就能收到同等的回报。你为他不辞辛苦深夜熬粥，顶着严寒遮风挡雨，未必就能换取他爱你更多一些、深一些，很可能就在此时此刻，他享用着你周到的关怀，却还心猿意马。

同样，我们提醒自己，不要在深陷爱情的同时也让灵魂迷失了自我。因为到处都在宣称：高质量爱情应该是能够愉悦地做自己。可难免，我们还是会陷入挣扎：他不喜欢我的朋友，那么为了维持这段感情，我到底要不要和朋友绝交？他在意我的身形，我是不是该办张健身卡好好挥汗如雨？

如果你不幸成为付出多的那一方，成为因对方而选择放弃一部分自己的那一个，无疑你就是众人眼中爱情里的人生输家。谁让你不是被关爱更多的那一个，没能让爱情成全一个更丰盈的自己？

而事实是，世界上很多事情都可以用数据去量化、评测。比如一份薯条炸多久、撒几克盐就是一份90分的薯条，一场测验达到多少分就能被好学校录取，唯独人心与感情难被定义和量化。

不能说因为甲给了乙100分的爱，乙爱甲只有60分时就是不公平的。首先，这个评分体系也许只是人们一厢情愿制造出来的，当你用"付出""成长""温柔"做衡量标准时，对方的注意力可能是在"你究竟有没有让我怦然心动""是不是D罩杯和大长腿"上。评测内容都不一致，要求比分对等，是不是有失公正？

另外，就算你们二人商议后对测量标准达成共识，可每个人的感受又是无法同化的。这就好比你花了1天的时间为对方亲手烘焙了一个蛋糕，而对方可能压根儿就不爱吃甜点。你让他给你五星好评，既是跟自己过不去，也是让对方为难。

好多人觉得自己爱亏了，付出许多捂不热一颗心，陪伴数载换不回一句温柔，做不到"忘不掉"又无法"放得下"，只能在二者间愁肠百转，一会儿拧巴，一会儿释怀。就像我身边有朋友总是和我一边絮叨"怎么找了个这样的男人"，一边又急匆匆地赶着下班回去为他做饭。

其实，无论你们的爱情天平倾向谁，这场关系都是公允的。看上去你付出了更多，但你的满足感同样也比他多。你爱他，所以愿意为他洗手做羹汤，看他细嚼慢咽的样子难道你脸上的笑容不会绽放得更大些吗？看上去你为他爱屋及乌、隐忍不少，但你也会时不时因为这样的付出而站在道德和情感的至高点上俯视他吧。

所以，真的不需要楚楚可怜地展露悲伤，无比认真地去计算感情上的得失。好的坏的、痛的乐的最终都不言自明地会分摊在两个人身上，爱情是跳脱守恒定律之外的一个公式，最终会用它自己的方式画上等号。

好吧，就算我不计较公允，但我真有必要因为一场爱情束缚自己吗？难道投身爱情和做自己二者就不能很好地平衡吗？

我想了想，发现还真的挺难。

因为爱情从来都不够纯粹，感情是爱发生的主角，责任、道德、伦理、世俗是一场爱情里的众多配角，它们会让人感到不自在，甚至为难。可即便如此，你见过哪出剧目主角不顾不理配角的吗？配角存在的意义既是衬托，也是约束。

你不能只要天长地久，却对在这缓慢过程中发生的生老病死视而不见；你不能只要浓情蜜意，却漠不关心为这精神愉悦提供养分的柴米油盐；你不能只守护他一人，却对他的三亲六故置若罔闻。

长久的爱情必然会迎头遭遇束缚，没有无束缚的情感。

当你还在纠结着到底有没有必要因为一段感情放低身段、改变自己时，不妨问问自己，到底爱他有多深，期待这份感情维持多久。

当然，"放低身段""改变自己"并非让你伏低做小、丧失自我，而是你要掌握好在一段感情里妥协与坚持的平衡。

不要因为过去从没做过这件事而现在为他做了就将此视为沉重的付出，也不要因为未遂你心意就感受到巨大的委屈从而开始怀疑这段感情的分量，更不要随便接受、刻意迎合那些"好的爱情"的标准。为了彰显自我而刻意去做的各种抵触通常假以时日都会让你后悔。你要做的是定好原则和底线并让对方知晓，然后以它们为界限后不再存疑地与另一半一起去过好每一天。

　　总要有一些边界和框架去圈住你们的爱情，看上去是束缚，实则是画地为牢、占山为王，因为爱情会打上对方的印记，彼此享有归属权。

　　仔细想想，爱情里有很多关于选择和放弃的陷阱，的确只有勇者才敢纵身一跃。

## ♀ 爱得多深都别忘了"及时止损"

止损，是一个投资术语，指当某一投资出现的亏损达到预定限额时，及时斩仓出局，以免造成更大的亏损。其目的就在于投资失误时把损失限定在较小的范围内。通过止损投资者可以把损失控制在一定的范围之内，同时又能够最大限度地获取成功的报酬，换言之，如果止损及时，以较小代价博取较大利益就有了更高的可能性。

我们经常能听到"爱情就是一次投资，一场赌博"这个说法；从这个角度来看，爱情也会有需要及时止损的时候。

L 是丈夫的学姐，她男友 M 是我在现实世界里见过的最难"伺候"的伴侣。

比如，L 还在读研时，每个月补助不高，好不容易省吃俭用小半年给 M 买了手机，M 的反应不是感动，而是："怎么不是苹果的？"再比如，L 平时在实验室工作，无暇陪伴男友，周末好不容易休息想补偿一下他，于是买菜、下厨，忙了三四个小时做了一桌子他爱吃的菜，

M 非但没有感动，还挑剔地抱怨："虾不够新鲜，香菇菜心太咸了……"

每一次他们二人争吵，我们都以为 L 要受不了 M 分手了。大家觉得 L 实在是爱得辛苦，何必"吊死在一棵歪脖树上"？但 L 总是用一句"5 年的感情了，这一路走来不容易"就原谅了他。于是大家觉得 L 傻得可以。其实 L 不是看不清现状，她只是不懂或不愿及时止损罢了。其实在及时止损这件事儿上，我们多多少少都会犯些傻。

比如，你被一只股票深度套牢，明知它行情一般、公司业绩不好，但就是下不去手割肉，幻想着有一天奇迹会出现，能够起死回生；比如，你读了一个不喜欢的专业，动辄就想撕掉教科书，但就是不敢重新选择，总觉得父母挑的不会害自己，且身边那些不喜欢自己专业的朋友们也是同样将就着；再比如，你明知自己的老板只会贩卖"鸡汤"和情怀，无非就是想让你义务加班，而且公司也没有更好的平台和资源让你成长、晋升，可你就是习惯了这个窝，不想挪动，半推半就地混下去。

我们都是智商正常的人，为什么有时明知脚下是"坑"但就是不愿爬上来，甚至还不死心往更深处跳呢？因为：

一、付出越多，容忍也就越多，人性使然

　　小时候我家邻居有一儿一女，女儿特别乖巧懂事，学习成绩一直年级前三，父母却很少夸奖一句。而儿子就像万千宠爱集于一身却扶不起的阿斗，只要他想要的东西父母拼了命也要满足；他爸妈为了让他成才也是煞费苦心，成绩不好就找各种私教、名师补习；今天来兴趣学黑管，一节课几百元都给他报名，明天又做起了足球明星的梦，父母就到处求人想办法把他送到省少年足球队。

　　后来，争气的女儿一路名校、名企，在大城市立足扎根；而儿子高中没考上，父母托关系花了好几万元，念了个大专，还宴请亲戚们下馆子庆贺。他们常说的一句话就是："我儿子多乖巧啊，不像那 XX 家的小子不学无术。"

　　在他们看来，因为对儿子付出了很多心血，只要不调皮捣蛋就是满分，就能容忍；女儿多优秀都和他们无关，因为自己压根儿没花多余的心思在她身上。

　　二、沉没成本的投入会让人抱有不切实际的期待

　　也许结婚后他就会懂事了、安稳了，更爱我了吧；也许国家出台某个政策、来个利好，我这只股票就能翻盘了吧；也许我是更擅长实践的人，工作后把理论用起来就能发现这个专业的美妙之处了吧；也许老板有天转

性了，公司就会更好吧。

别哄自己了！

他从一开始就对你挑挑拣拣，凭什么结婚后就能视你如珍宝呢？结婚后他只会觉得自己更亏了吧。你看，人家的女友那么漂亮，身材那么好，家里那么有钱！股票再有利好又怎么样，说不定那就是个"皮包"公司，大股东们合起伙儿来圈"小虾米"股民的钱，你什么时候能够回本、赚钱？你连理论基础都没心思学，实践应用凭什么能过关？凭什么能让自己从工作中获得成就感而懂得欣赏这个专业的美好？还有，有些老板转性的概率比你心血来潮想要去做变性手术的概率还要低，你真要拿自己的前途赌一把吗？

如此说来，我们既拧不过人性，也斗不过自己，面对深坑岂不是只能坐以待毙？

嗯，"沦陷"下去是结局之一，虽然它不是唯一的、最好的解决办法，但确实能让你不必为抗争自我而纠结。当然，你也可以选择后者，拼上老命让自己从坑里爬出来。要做的第一步就是停止自欺欺人与自我麻醉。

我们总要用成年人的、正常人的思维和态度去对自己的未来负责。找信任的朋友、亲密的家人、有过类似经历的人聊聊，然后自己冷静下来去面对现实的残局。

如果现实总是无法让你清醒，那就让身边的那些"毒舌"、诤友们好好用言语抽你几个耳光，清醒起来。

第二步，尽快找到新目标。

即使生活不易，也不会吝啬到只给我们一个选项。世上总有懂事的女生；总有不能让你暴富但守着一颗不贪的心也能赚点小钱的股票；总有不那么让你讨厌、可以接受的专业和领域；总有利字当头但还是能为下属多想一点的老板。钻牛角尖，非要在一棵树上吊死的要么是真傻，要么就是懦夫。

及时止损，其实不只是挽救，更是给自己多一次选择的机会。阳关道远强于死胡同，哪怕迎接你的不是一条宽敞的大道而是独木桥，也比没路走要好。

## ♀ 爱情不只是发糖，破碎也很正常

最近让我颇为感慨的一件事是，认识了 30 年的发小告诉我，她离婚了。

她和前夫相识于初中，相恋于高中，经历了大学四年异地恋的考验，各自又在不同城市工作两年，挨过了双方父母的挑剔后，终于实实在在地走到一起、修成正果。当中多少艰辛足够写成《爱情坎坷史》这样一部巨幅作品，可结婚 5 年后还是离了。

说来搞笑，离婚的原因都是一些微不足道的小事，比如：

发小不满丈夫乱丢脏衣服、不主动洗内裤、抽完烟不刷牙、早上总是要叫好多次才肯起来、因为不吃葱所以出去吃饭时有葱的菜都不能点，而她最喜欢吃的菜恰好是葱爆牛肉。先生对发小的埋怨也有好多。比如，做错事从来不会主动认错道歉，约好了看电影、吃饭的时间却总要迟到。房间里到处都是她的头发，喜欢用不同的杯子喝东西但用完不收拾，化妆后纸巾和化妆棉团在梳妆台上不肯丢掉等等。

谁能想到当初信誓旦旦、排除万难才争取来的爱情，到手后居然如此脆弱。一段感情，从坚如磐石到薄如蝉翼，击败它的缘由居然可以如此滑稽、细碎？

"是不爱了吗？"我问发小。她说，也是，也不是。

像两个陌生人那样只有冷漠，没有一点感情是不可能的，即便吵得天崩地裂，可感情依然有温度。发小告诉我，从民政局出来时，俩人抱在一起不自觉地都哭了。这种感觉很微妙，我们也许还爱彼此，但很难为对方去真正改变什么。每一次改变的同时也都承载了委屈和不满，久而久之，这种情绪就变成了鸡零狗碎的炮弹，处处袭击彼此的生活。越是微小、不起眼的冲突越可怕，因为没人会想到它们是致命的。没错，它们的确不会一招致命，但就像某种慢性疾病一样，时间长了它们会把你的感情啃噬得千疮百孔。有朝一日你突然发现，面前最亲密的这个人，只能存在于曾经，现在的他与你，天天相处，却让彼此觉得陌生。

就像那首歌唱的一样：

"为何后来我们用沉默取代依赖

……只怪我们爱得那么汹涌 爱得那么深

于是梦醒了 搁浅了 沉默了 挥手了 却回不了神

…… 我们变成世上 最熟悉的陌生人。"

我听过好多人说这样的话："我们总是为一些鸡毛蒜皮的小事吵架，觉得很幼稚，因为到最后连真正为什么吵都忘记了。"包括我自己也是一样，总觉得"鸡毛蒜皮"不足挂齿，它们能有多大杀伤力呢？

可在现实生活中，一份需要去经历像电视剧里演的那般坎坷的感情其实并不多——世界上哪有那么多丝毫没有道理可讲的恶婆婆、爱上自己丈夫无可自拔的年轻小三、对自己痴情不改的初恋、在爱情和家庭中抉择的豪门恩怨……好多爱情，不是败给了坎坷，而是输给了平庸。当我们过上了被复印机影印出来的没有变化的生活，当我们的爱人从心中的男神与女神变为男人和女人，以前的心有灵犀变成了现在的絮絮叨叨，从曾经做什么都自带光芒到现在做什么都十分碍眼，过去留恋的浪漫、温柔和刺激都被柴米油盐腌制得变了味，直到激情变成了不满，甜蜜变成了委屈。

这就是爱情的进化史。起初当然会很美好，但你无法阻止时间暴露它的瑕疵，不是一点点，而是许多许多。

可我们不能因为爱情有瑕疵就完全放弃去爱。毕竟，爱是"天赋人权"，所以，当你正在遭遇一份目前令自己觉得"烫手"的爱情时——比如，逐渐增多的厌倦和挑剔，觉得身边这个人和自己想象中变得不太一样了，对对方的耐心正在减少，任何细如微尘的小事都能吵上一天并且总觉得错在对方，一言以蔽之，就是看对方做什么都不顺眼但又不想或不甘心结束这段感情，我的建议是：

第一，永远不要停止沟通，尤其是在小事上。

曾几何时，每次当我和管管发生争吵最后吵到筋疲力尽时我都喜欢说一句话："算了，不吵了，为这么点小事吵不划算。"直到某一天，管管和我说："如果总有小事能引起我们争吵，我们就该找到原因去消灭它，不要让它再影响我们的感情。"

除非你是真的想"算了"，否则那种带着疲惫、烦躁的"算了"会充满自己察觉不到的委屈和愤恨，一直生长、潜伏，直到某一天，再也无法"算了"。

这与包容无关，不是女方为了"贤良"之名忍着男方，或者男方自认"大度"让着女方就能平息冲突。冲突的消失是靠解决而非压抑去消失的。任何事物都有临界点，人也一样，无论是哪一方一味退让、隐忍，或者假装大度，最后的结局都是两败俱伤、覆水难收。

这有点像报纸上那些惊世骇俗的犯罪案例。某个老实人一直都很友善，突然有一天他变成了施暴者或杀人犯，原因并非他生性邪恶，而是因为他过去不敢去面对某些矛盾和冲突，导致最终压抑的感情爆发，冲动之下走向了另一个极端。而选择去爱就像选择一场战斗，这场战斗没有那种恢宏到可以载入史册的名目，只是一个又一个琐碎的问题引发的冲突；要避免那个冲突，我们要做的就不能是无视和逃避这些琐碎的问题，而是要拿出勇气和耐心去直面它们。

一份长久的，让人不遗憾、不抱怨的爱情，双方一定都是斗士，他们不是与对方战斗，而是彼此并肩，与感情中产生的一个个问题战斗。

第二，要接受自己的爱情有可能会失败这件事。

我们都很容易接受别人的爱情变成悲剧这件事，这年头谁的身边没几个经历分手、离婚，闹得昏天黑地、哭到肝肠寸断的人？

美剧《摩登家庭》里有一集，演的是父母结婚纪念日那天，3个孩子为了给父母庆祝，大清早端着做好的早饭走进父母卧室的场景。孩子们本想给父母一个惊喜，没想到父母正准备宽衣解带，正面撞见，子女们这下觉得世界观被毁了，而父母也觉得他们给孩子的心灵造成了巨大伤害，一方难受，一方难过。后来3个孩子一起相互安慰，大姐说，也许这没什么，父母还能做这些事，总比他们离婚好，我身边有一半同学的父母都离婚了。

　　天底下没有人会预想自己感情失败这件事，我们习惯了憧憬幸福。但也许我们应该把投射在别人爱情上的目光收回来。我们要接受的是，自己的感情可能并不牢靠，也许有一天，你的爱情也会支离破碎，成为别人眼中的悲剧。

　　这不是说我们应该唱衰自己的爱情，而是无常常有，爱情也不是博物馆里保存完好的名画，能够被保护得一尘不染、历久弥新。相反，爱情更像是木乃伊，无论你使用多少药水、缠裹多紧，早晚都会呈现出你不愿看到的那一面。如果无法适应并从中发现新的趣味，悲剧在所难免。

　　我们喜欢童话里王子与公主的结局，喜欢罗密欧与朱丽叶的至死不渝，喜欢梁山伯与祝英台化蝶的美好传说，但我们不确定王子与公主生活在一起后是否会永远幸福，罗密欧和朱丽叶投胎下一世相遇是否还会这般长情，梁山伯与祝英台化蝶后其中一方会不会"爱上别枝花"。

　　第三，接受破碎，但不要让自己一直破碎下去。

　　你遇到过一两次渣男，不代表你就成了"渣男收割机"；你的婚姻失败过一次，不代表你就不会再拥有美满的家庭。不放弃自己的人，总能发现生活留给她的奇遇、赠予她的机会，我们要做的就是发现并抓住它们，而不是让自己在过去的不幸里沉沦下去。

比起感情的破碎，更可怕的事情，就是不愿修补自己那颗支离破碎的心。

我在前面提到的发小，离婚后用了 1 年的时间来恢复自己。她从一开始的暴饮暴食到每晚失眠痛哭，到后来直接怀疑自己的价值，断绝与外界往来。但经历了半年的心理治疗后，最后她选择旅行 3 个月，回来后逐渐走上工作和生活的正轨。这一路她走得颇为不易，但总算咬牙挺过来了。现在的她把大部分精力放在工作和插花学习上，闲暇之余相亲、会友，在寻找爱情的道路上积极行走。我们在深夜聊天谈心时她曾说过："现在想起那段失败的感情还是会心痛，被爱伤过一次是真的很疼，但不妨碍我继续追求它。"

当然，我说的"不要让自己一直破碎下去"，并非意味着修补好自己，让自己重获完整只有再次投身爱情这一种方式。更重要的是，你能找到一个让自己振作、充满希望、热爱生活的渠道，它可以是你培养自己新的兴趣爱好，把更多的时间留给家人和朋友，去做一直想做但未能做的事，成为一个"工作狂"……总之，就是要让自己继续精彩地生活下去。

对于很多女人来说，爱情是她们的"命门"，而那些"狠"女人更懂得这些道理：

·爱情就是得常怀希望，但也要有所准备。

·你爱了某个人一生也不妨碍你最后转身，而你最初爱的那个人，当他无法成为你最终爱的那个人时，并不销毁曾经你爱他用尽全力这个事实。

·破碎不可怕，重要的是能修补好自己的心，重新上路。

# 第四章

# 当心友情的糖衣炮弹：你的朋友可能易碎且危险

　　美国斯坦福大学在《神经精神药理学》期刊上发布的一项研究显示：男性之间的深厚友谊有助于缓解压力，对身体健康大有裨益，产生的效果可与恋爱关系带来的益处相媲美。研究人员称，男性之间亲密的友谊促使大脑分泌更多催产素。催产素是一种垂体神经激素，当人体催产素含量上升时，会随之释放出大量能够缓解压力的激素，并且有助于人们克服社交恐惧，增强自信。有趣的是，人们在恋爱时也会出现催产素水平上升这种现象，友情与爱情的功效在这里看来颇为相似。

　　该研究项目的负责人伊丽莎白·柯比博士表示：对于男性来讲，拥有这样的友谊的确是一件好事情。从朋友那里获取帮助并不是软弱，相反，友谊让你在面对压力时能够拥有良好的心态，有利身体健康。

　　让我好奇的是，这项研究里为什么没有提到女性之间的友谊有什么"功效"？是尚未研究清楚，还是对女性来说，友谊在我们的世界里本就是一件复杂的、不太有实际效用，甚至有些危险的情感？

## ♀ 情绪是女人之间友谊的致命伤

在女性的世界里，友情似乎一直都不是主角。我们总是飞蛾扑火般地撞向爱情，或者努力成为父母贴心的小棉袄，至于友情，总是让我们一言难尽。

我们多少都曾听闻，甚至亲历这样的故事：

当年一起拉手上厕所、互换衣服穿、讲述自己藏在内心最深处秘密的小姐妹，因为搬家、转学等原因分开了，开始还互相写信、发信息问候，后来，不知是哪一方先疏于联络，然后这份感情便销声匿迹。后来某次同学聚会上见了面，预想中的促膝长谈变成了相互攀比、暗自较劲：是我更美还是她看起来更年轻？是我丈夫更优秀还是她丈夫赚得更多？

我也曾质疑有这样的比较算是真友谊吗？问了朋友、同学、同事后，她们给我的回复是：爱她是真的，比较也是真的，希望她过得很好但不要比我好，至少不比我好太多。大家愿意把这归结为女人天生爱嫉妒，爱攀比。

但事实真的如此吗？虽然诗人艾青说过，"嫉妒是心灵上的肿瘤",但现代心理已经证实嫉妒只是一种再普通不过的心理状态,而且这种嫉妒心其实是不分性别的。

加州大学圣迭戈分校心理学教授克里斯丁·哈里斯在经过一系列实验后指出,嫉妒不分男女,但略有差别:男性容易因事业发展差异触发嫉妒;女性则更在意外表差异。克里斯丁·哈里斯还说,嫉妒更容易产生于同性之间,比如女性嫉妒男性较高的社会地位和收入的情况就很少发生。

其实,男人的嫉妒心一点都不比女人弱,女性之所以常常被误以为爱嫉妒,是因为她们比起男性,对外界的信息有更为敏感的分析与感知能力,也更喜欢表达自己的情绪。正是这种喜欢把情绪放在台面上来的习惯,使得女人之间的友谊看上去不那么深厚和纯粹。

## ♀ 思维方式的墙，让友谊难长久

女性之间的友谊最大的问题在于难长久。这种"难长久"有两个方面：第一，容易闹翻；第二，感情容易逐渐变淡。

女性之间鲜有长久的友谊是因为女性用感性思维考虑问题。男人之间有了矛盾，往往借着酒劲说开了甚至打一架，第二天就会和好，这个"和好"是真正的"翻篇儿"了。而女人则是即使没有表面的矛盾也会暗中较劲到老，两个女生有个小矛盾，哪怕六七十岁再见面也会记恨。这种差异的原因，就是男人注重结果而女人更注重感受。男性往往会去寻求矛盾背后的原因并想办法解决，而许多女性更想要得到情感上的释放，到最后只会记住对这个人讨厌的感觉，这是女性和男性思维方式不同决定的。

除了与男性的思维方式不同外，影响女性友谊的因素还有很多。

男性在交友中往往只在乎"人"，比如："这个人怎么样？""是不是合得来，能不能真心交？"而决定女性友谊的条件就复杂得多，从有没有一起拉手上厕所，恋爱、婚姻的参与度，到朋友穿同样的衣服是否比自己好看，都能成为女性友谊的衡量标准和矛盾的爆发点。

知乎上有个概括女性之间友谊的总结，说得挺贴切，成年女性的友谊大体是这两种：小姐丫鬟式和势均力敌式。前者看上去就不像是平等的朋友，反而有主仆味道；而后者，看上去是平等了，但一个"敌"字让这份情谊充满了较量。

在开始专职写作后，我收到过许多封读者朋友写给我的邮件和私信，主题皆可概括为"被闺密抢了另一半"。其中一封来信让我印象深刻：

瓜瓜和最要好的朋友苗花从中学开始就是好友，当年高考瓜瓜为了能和苗花在一个城市、一所大学就读，降低了 10 分报考志愿，终于如愿以偿。虽然两人不是一个专业，但除了上课、吃饭、自习、参加社团活动都在一起，一度让同学们以为俩人正在交往。后来瓜瓜恋爱了，苗花自动远离，失恋时，苗花第一时间来到瓜瓜身边陪着她流泪、骂人、绝食、旅游。

两人去西藏旅游时遭遇了车祸，车子撞到了山边翻了。幸运的是两人没受重伤，都只是皮外伤而已，但瓜瓜永远记得翻车的一瞬间苗花第一时间护住她的头的举动。这次旅行的遭遇让瓜瓜走出失恋的阴影，也更加确信苗花是过命交情，值得托付一辈子。

后来瓜瓜找到了自己的真爱，苗花也有了男友，瓜瓜的恋情发展得很顺利，恋爱不到1年就和男友谈婚论嫁，却在结婚的前1周得知苗花和自己的未婚夫发生过关系。事情起因于苗花与"三观"不合的男友分手，心里难受的她跑去酒吧喝酒，酒后不能开车，所以她找瓜瓜接她，但瓜瓜接到临时出差的通知，就让男友帮忙接一下苗花。

背叛与出轨就发生在那一晚。失恋让苗花脆弱，而酒精让她丧失了理智。苗花本想把这件事一辈子埋在心底，她真的不想勾引瓜瓜的未婚夫，但想到这个男人如此经受不住诱惑，又觉得有责任把这一切告诉瓜瓜。说与不说都受到道德和良心的拷问，苗花也知道一旦捅破，她和瓜瓜近20年的感情就彻底完了。

最后，苗花还是把一切告诉了瓜瓜。瓜瓜来信说，当时她整个人就像死了一样，最好的（好到用命保护她）朋友和最爱的人同时背叛了自己，那种感觉真是生不如死。

苗花给瓜瓜写了一封道歉信后就搬到了别的城市生活，而瓜瓜也和未婚夫解除了婚约。瓜瓜说："这件事过去两年了，心仍然在痛，现在这座城市只剩下我自己，觉得无比孤独。"

曾经，我一直以为这种事情只会发生在小说或影视作品中，没想到现实里也不在少数。当年形影不离、知道自己最多秘密的人却成为伤害自己最深的人。

这也许就是女性友谊的危险之处：我们爱一个人（无论是爱人还是朋友）时太容易无所顾忌，让自己逾越了界限。

## ♀ 别让"闺密"成为一个贬义词

　　我更愿意相信"闺密绿"是小概率事件，只是它的发生实在难以让人相信，所以一被"抓包"就格外显眼，以至于会被反复拿来作为反面经典案例。但如果真的发生了，不怪闺密，不怪渣男，我认为责任在当事人自己。

　　闺密和伴侣做了出格的事儿，责任真的都在自己，谁让很多人做事没界限又疏于防范。

　　女性真的是一种很善良的生物，和自己亲近的人特别容易掏心掏肺，一起讨论帅哥，一起骂老板，一起诅咒某个"妖艳贱货"，还恨不得一起去厕所。总之，就是生怕亲密的那个人不知道自己的底牌和秘密。

　　这种看上去"亲密"的行为其实有极大的缺点。

　　对很多人来说父母或丈夫是我们最亲的人，对他们我们尚且知道保留一些秘密，或者知道哪些话该说哪些话不适合说，而遇到友情有时反而丧失了边界。

　　这世上没有两个人能真正做到亲密无间，也许曾发生过，但随着生活和经历的变化，想法和人心也不是恒定不变的。越是亲密的朋友越是要注意分寸，因为毕竟你是你，她是她。感情多好，始终是两个个体。

有三件事我是绝对不会对好友做的，关系越好越不会做：

第一，不会介绍伴侣与闺密认识，除非闺密也有另一半，四人一起情侣约会。

我当然会让闺密知道我的伴侣，但不会让他们有独处的机会。这不是信任与否的问题，而是我们为什么要轻易去"考验"最爱的人的底线呢？而且，当你们一起出来时，和另一半你侬我侬，也要顾虑一下单身的闺密作何感受吧？分寸，即爱。

第二，不会给闺密介绍对象。

很多人都热心于为自己的好友牵线搭桥，希望为她的幸福出谋划策。我也做过这样的事，但结局不太好。在我看上去两人条件挺般配，闺密却嫌弃对方衣着土、不幽默、没情调；而男方也觉着闺密有点作、太骄傲。我又不能把这些评价直接抛给闺密，只能附和说确实是自己不好，没选对人。那种两头堵的感觉真不好受。

为好友的幸福出力的方式有很多，可以鼓励她，赞美她，有问题时当她的顾问，失恋时陪着她走出来，可做媒人这件事，还是随缘或交给专业机构来做比较好。

第三，少在爱人和闺密面前谈论对方。

我们应该努力扩大自己的世界，不要让话题总是围绕着爱情、友情、伴侣、好友。有时候二者本无心，但经不住我们自己老提起，你们逛街买到了她最喜欢的XXX，陪他去听了她最爱的歌手的演唱会……经常"灌耳音"，久而久之让伴侣、闺密在对方心里有了痕迹。

我们也许无法预测人心，无法阻止变故，但我们可以加固自己的防线。这是对友情、爱情负责的态度。

在乎"界限"其实就是选择相信那个人有能够解决好自己问题的能力。

我对朋友，更确切地说是挚友的标准其实很简单：

1. 可以卸下心防真的去聊点什么；

2. 你愿意借钱给她。

第一条看着简单，其实不易。因为你想卸下心防去聊的事通常要么是让自己困扰、无力的事，要么是会让对方感到为难的事。愿意和对方聊那些让自己难堪的事，说明你充分信任她的人品，不担心或不介意她会嘲笑你的难堪，会把这样的难堪告诉别人；另外，也说明你充分信任她的能力，无论是解决问题的能力还是安抚人心的能力，你知道她总有一句话能说到你的心里。

至于第二条，虽然人们常说金钱是感情的"搅屎棍"，多少美好都败给了金钱，但我更愿意把金钱看作检验友情的一块试金石。前两天和父母聊天，我问了他们两个问题：在这个世界上你愿意借钱的朋友有几个？你自信能借给你钱的朋友有几个？然后，我也和他们说了自己的答案。真巧，无论是我愿意借钱给他们还是相信他们能借钱给自己的都是同样的几个人。

之所以用钱来作为测量标准是因为我认为有钱和有爱是一个人最大的两项安全感来源。作为挚友，毋庸置疑你们之间是有爱的，但如果你肯"割舍"自己的另一项安全感来源——金钱，把它让渡给需要的好友，我相信这份情谊是更被你看重和信任的。

借钱给一个朋友或朋友肯借钱给你，说明不愿放弃这份感情（通常拒绝借钱就意味着再见难堪），也自信不会让你们的关系受到外物的影响。

唯有非常珍爱的东西，我们才会对其充满没来由的信任和执念。

金钱在这里也可以换成任何她在乎的东西，如果她不缺钱但需要有人拿出时间来陪，而你愿意这么做，也是真爱了。

## ♀ 山下的男人是老虎，见到千万要躲开

　　在女性的友情世界里当然不是只有同性，朋友这种角色也会由男性来扮演。和男性成为朋友有着和女性做朋友不一样的感觉，和他们打交道会更直接，更自在，不用太去顾及对方是不是玻璃心，或者有口无心伤害了对方。

　　不过，男人也是我们友情世界里的"危险品"之一。

　　美国威斯康星大学曾做过一项研究，请 88 对年轻男女回答一些关于友情的问题。结果显示，男性不论单身与否，都希望自己对女性朋友是具备吸引力的，如果有机会的话，他们还希望能和女性朋友单独约会。对男性而言，不管女性是否单身，她们都具有吸引力；他们也常一厢情愿地猜想，女性朋友对自己是充满兴趣的。

　　相比较之下，女性大多认为和异性之间的友谊可着重心灵的沟通，只有当她们感情生活触礁时，才渴望从异性友人身上获得更多慰藉。也就是说，不管单身与否，男性和异性的友谊是建立在"性吸引力"之上；而女性

大多认为和异性之间的友谊可以是"柏拉图式的关系"，即重视心灵上的沟通。

其实从人类发展史来看，异性友谊是个新鲜事物。在历史的大部分阶段，由于性别角色的固化和男女地位的不平等，男女之间除了爱情和亲情这两种感情外，几乎是被隔绝的。陌生男女真正开始近距离接触，是从工业革命之后开始的。女性开始大量进入工作场所，而不像她们的先人那样，把一生绝大部分的时间都交给家庭。这个时候，女人们突然发现，身边出现这么多形形色色的男人，要如何跟他们打交道？

不幸的是，相对于数百万年的人类历史，工业革命距今才区区几百年的时间。因此，面对这前后剧烈的变化，人类在心理上根本就还没有进化出一套有效的应对之道，大家完全不知道如何同除了配偶以外的异性打交道，于是异性友谊便在懵懂中摸索、进化。

有学者依据关系中自己和对方的态度，总结了四种主要的异性友谊模式：

相互吸引：自己和对方都有进一步发展的兴趣；

渴求：自己想进一步发展，但对方没兴趣；

拒绝：自己没兴趣进一步发展，但对方有兴趣；

严格的柏拉图式：双方都有兴趣又没进一步发展的意思。

看上去只有第四种模式是最接近普世对友谊的定义。

但矛盾的是我们不可能和一个自己认为没有吸引力的异性做朋友，且男女间想要有纯粹的友谊，中间总横着一个难以逾越的"障碍"——性。此乃本能，我们难以抗衡。这也是为什么经历了这么多年，就"男女之间是否有纯粹的友谊"这一问题总会形成两派，各执一词，谁都难以说服对方。实在是因为我们这是在和自己的人性做斗争啊。

所以，我们不妨把精力从"有没有"这个无解的问题转换到"如何尽可能保持异性友谊的纯粹性"上来讨论，也许更有价值。

对于女性来说，如果你有一个自己非常珍视的男性友人，最重要的一步是，要甄别清楚自己对他到底是爱人之情还是朋友之谊，尽可能避免披着朋友的外衣去爱一个男人。不躲藏，不暧昧，不掩饰，对自己的情感能够有清晰的辨识和控制，是成熟女性的标志之一。

如果喜欢对方（单身情况下）就勇敢往上"扑"，失败了最起码你们两人的感情利落、清爽。如果真的只是拿对方做朋友，就请一定避免做以下四件事去破坏你们珍贵的友谊。

第一，作为异性朋友，别随便和对方说心事。

亲人离世，突然觉得生命好脆弱；天天上班、下班，生活轨迹一成不变，不知道活着的乐趣在哪里；一个人漂在"北上广"，华灯初上或逢年过节的时候觉得特孤独，不知道前途和未来在哪里……把这些话讲给对方听，就是在说"我一个人好无力，好辛苦，好孤独"。

人都有脆弱的一面，我们不会轻易向别人展示，这么做了就说明没拿对方当"一般人"。"神经大条"点的可能听听也就算了，敏感细腻的人回复时煽点情、忧点心，那种奇妙的情愫立马就被点燃了。你会觉得对方好懂你，为你们同是天涯沦落人而惺惺相惜。友谊的质变就这么发生了。

人有心事的时候特别脆弱，也特别容易被触动。所以，最深、最累、最伤心的心事不要和异性朋友说。

第二，作为异性朋友，别和对方谈论另一半。

我的一位同事分手就源于当初双方谈论各自的前任。

那时她和尚未分手的男朋友正处于异地恋的第二年，一个东南，一个西北，两人的不少工资都贡献给了通信和航空公司。那时，她和现在的丈夫还只是普通朋友，因为有共同的朋友大家便认识了，一帮人出来玩过几次。

后来，生病时男友不在，委屈时男友不在，搬家时男友不在，刮台风那天外面风雨大作男友不在，情人节时男友不在，总之，不该缺席的时刻男友一场没落地缺席了。异地恋的苦只有另一个经历异地恋的人才会明白。巧了，在那帮朋友里，现任丈夫当时和她当时一样也身处异地恋中。

然后，他们从电话长途套餐、机票打折信息逐渐聊到坚守一段异地恋究竟值不值得。最后，两人一拍即合，得出的结论是太不划算了！所以，各自把现任变成前任，正大光明地搞在了一起。后来两人以恋人身份在一起半年，发现还是做朋友时更舒服，但已经回不去了，只能逐渐变成"最熟悉的陌生人"。

和异性朋友聊另一半的风险是极大的，不知不觉自己就多出个"前任"来，而且当你意识到还是用友谊的姿势与新欢相处更舒服时，为时已晚。

第三，作为异性朋友，尽可能避免和对方单独约见。

这个举动充满了暧昧、挑逗和暗示，潜台词就是在说："我们搞到一起吧。"

听说市区公园新引进了一批火烈鸟，特别好看，咱们去看吧；公园逛完了，天还早一起去看部电影吧，这部片子口碑超好的；电影看完刚好饿了，一起吃个晚饭吧；晚饭吃得有点撑，一起去轧个马路消消食吧；消完食，有点渴了，一起去酒吧喝一杯吧……

"我也不知道什么情况，本来就是见个面聚聚，谁知道一切就那么自然地发生了。"这是友谊变乱搞的人最常说的一句话。也许有了一开始的"心术不正"，所以发生了什么也是顺理成章的吧。

以前听过一句话：如果一位女生朋友答应和男生去看电影，这意味着她做好了和你上床的准备。这话够狠，也够真。

如果真想和某个异性保持纯洁的、要好的友谊，我觉得妥善的做法是让你的另一半和他的另一半也参与到当中来，两对伴侣，四个人都成为好友，让爱情成为友谊的边界线和防护栏。

关于友谊，我最后想申明的是，我不喜欢现在很多人鼓励发展的那种友谊：结识比自己强的人来让自己升级。这可能也是一种友谊的形式，但在我看来它更像是一种"圈套"——总要在对方身上获取点什么才好。友谊不是高山流水，当然可以因为需求寄希望于对方伸出援手，只是一开始就有"图谋"的味道在其中，更适合贴上"伙伴"而非"朋友"的标签。

伙伴是各取所需一起走得更高，朋友是真心换真心一起走得长远。

上大学时，我是学校里为数不多跑到外地读书的学生，一走四年，把中学时的好友都"丢了"；大学毕业后，我又是为数不多跑去深圳、上海这些城市工作的人，所以把大学里玩得最要好的两个朋友也"丢了"；幸运的是，我在工作中结交到了几个挚友，是那种当你和另一半吵架、和父母闹别扭时，你会打电话找她们哭诉，愿意把内心最苦的部分拿出来给她们看的朋友。虽然现在我们生活在不同的半球，有着 12 小时的时差，但彼此依然愿意把内心最软弱、脆弱的部分相互展现出来。

她们让我明白，好的友谊和好的爱情一样珍贵，在友谊的世界里，遇到那个对的人，也要拼命去爱惜、呵护。

# 第五章

# 你的柔情，最该给的不是男人

2016 年 10 月 7 日，我和管管迎来了我们的第一个孩子安迪。初为人父母，本来应该是开心的，但那时我们的内心只有担心和难过。

安迪本不该在这个时候到来，他比预产期整整提前了 50 天出生，生下来时只有 3 斤 6 两。我只在手术室看了他一眼，他就被医生匆匆送去了初生婴儿重症室(NICU)，这不是一个新生儿该去的地方，但我们别无选择。

麻药过后剖腹产的刀口让我痛得无法下床行走，只能和照顾安迪的护士连线通过 iPad 看自己的孩子。那时候，我在 3 楼，Andy 在 7 楼，我却觉得我们之间隔着最遥远的距离。此时，我的父母还在飞来美国的路上，他们只知道我 5 天前身体不适住进了医院，却不知道在这 3 天里我经历的种种：因为当地医院无法治疗所以开了 2 个小时救护车把我转去了更大、设备更先进的医院待产；莫名其妙而来的妊娠高血压让我们母子面临危险；难以忍受的疼痛让打了两次麻药的我最后直接被麻晕过去；以及，羊水破裂导致肚子里的宝宝心率不稳需要紧急动手术……

那几天，我一天当中大半时间都在打吊瓶，我的身上缠着各种监测仪器，只能插着尿管静卧在床上保胎。医生希望孩子能晚点出生，好让他发育得更好，所以想尽办法帮我拖延，但也没能撑过一周。而我心里又担心又难过，一方面，担心父母路途上是否安全。他们都是第一次出国，从家里飞上海，再从上海飞纽约，一趟下来将近 30 小时。他们能顺利入关吗？飞机上安全吗？到了纽约的肯尼迪机场后出关会不会被拦住？另一方面，我为腹中的这个小家伙而难过：你就那么心急想早点儿看到爸爸、妈妈吗？求求你多待一段时间再出来好不好？

只是安迪好像不愿再等了，迫不及待地来到这个世界开始了他的人生。在我被允许下地活动时，我也迫不及待地坐着轮椅去 7 楼看安迪，见到他的第一眼我就哭了。他是那么弱小，不到 40 厘米，皮肤皱皱巴巴，脸上戴着氧气罩，进食只能通过鼻管，脚上输着营养液，缠着监测心率、呼吸的仪器。那一刻，我心痛如绞。这个生命之前和我几乎还是陌生人，但在见到他的第一眼，我就想用尽全部去保护他。

我想，这就是父母吧，甘愿豁出命去保护另一个人。

虽然安迪的出场并不太顺利，但所幸后面的发展还算顺利。在 NICU 待了 15 天后，全家终于带着依旧不足 4 斤的他回家了。而安迪的出生也开始让我用不一样的角度来看待自己与父母的关系。

## ♀ 有事的时候才想家,难道父母是你的"备胎"

我妈在医院陪我待了两周,本以为一年多没见面母女两人会格外亲密,谁知我们见面第二天就吵了一架,气得她哭着要回国。

我妈下了飞机匆匆奔来医院,看到我正躺在病床上吃冰块。国内刚生产完都是坐月子各种汤汤水水进补,裹得严严实实,连凉水轻易都不准碰,我这倒好,穿着一件病号服啃冰块,我妈觉得我不要命了。

其实真不怪我,美国喝热水太难了。大家都是喝自来水,甚至大冬天的走在路上还喝加了冰块的咖啡。而且,美国也没有坐月子这么一说,我剖腹产第二天,医生给我拆了纱布、检查了伤口,然后对我说,如果我想洗澡,现在就可以洗。美国人的饮食习惯和疗养方式每天都在刷新我妈的下限,她心里窝着大火,觉得这帮白衣天使是要她女儿的命啊。

另外,我住的这家医院里没人会讲中文,我每天都要硬着头皮和医生、护士沟通 Andy 和自己的健康状况，各种医学术语、药物名称搞得我头大，而我妈担心我的恢复情况，每次看到医生来找我沟通就让我问这问那的，我要把医生的话翻译给她听，还要把她的担心和不满转告给医生（虽然我省略了很多抱怨），她又是个急性子，经常在我和医生沟通时她插着中文进来，让我询问。有几次我实在是被左耳英文右耳中文同时"撕扯"得有点崩溃，就对我妈挑眉瞪眼。总之，因为习俗差异、语言不通，加之连续奔波 30 小时没休息，终于让我们娘俩在见面第二天就爆发了"战争"。

我妈一发飙我就特难受，那种难受不是生气，而是懊悔。如果不是心里对我的爱满到要溢出，她何须忍受那么多劳累大老远跑到异国他乡来看我的脸色？又何须如此心急如焚想要从医生那里了解我的全部情况？

小时候我犯中耳炎，耳朵难受睡不着，把我抱在怀里哄睡了一夜，直到胳膊一整天都没知觉的那个人就是我妈；我爱吃的菜，爸爸加班回来后双腿累得发抖也会跑去厨房做给我吃；在上海买了房子装修时，因为我和丈夫太忙，二话没说飞过来帮我们盯装修的也是我妈，油漆味让气管特别不好的她咳了整整一个月；还有爸爸，朋友发短信从来不回复的他却会戴着老花镜5分钟敲10个字给我的文章留言。从小到大，每一次有困难时挺身而出的都是父母。其实父母才是子女最大的"备胎"，不敢靠得太近怕打扰孩子的生活，却又想拼尽全力帮孩子抵挡一切刀霜剑雨。

　　这世上有万千种身份，我都可以理解，但唯有父母这个身份让我百思莫解：

　　他们为什么有那么大的勇气愿意为一个人的18年甚至是更长的时间去负责，去费神？

　　他们为什么有那么多的仁慈可以去原谅一次次的伤害和心痛？

　　他们为什么有那么一颗柔软的心可以去无条件地付出却只字不提，丝毫不计回馈？

　　而且，鲜有父母回望一生时，会真正后悔为人父母。他们总觉得自己的儿女是可圈可点、令人欣慰、值得骄傲的，哪怕我们不过是平凡普通的一个人。

　　《诗经·小雅·蓼莪》篇云："父兮生我，母兮鞠我。拊我畜我，长我育我，顾我复我。" 8个动词，道尽父母心系儿女的一生。如果说父母的爱似海洋，那也应该是最风平浪静的海洋。他们可能奏不出响彻天地的涛声，激不起惊天动地的浪花，却能穷尽一生为我们涓涓长流，比我们能想象到的深远，更深远。

## ♀ 不理解爸妈，你什么时候才能长大?

安迪的到来让我疲惫并快乐着，但也让我领悟到一件事:为人父母是性价比很低的一件事。

我知道感情不太适合用"性价比"去衡量，它不是商品，能够轻易来交易。但趋利避害是动物的本能，很多初为人父人母的家长都会在疲惫不堪时内心默默问自己:"这一切到底值不值得?"然后照旧拖着疲惫的躯体该喂奶喂奶，该上班上班。

抱着安迪时，我会想:现在的他就是一个弱小的生物，离不开父母的照顾，我们就是他的全世界。但过不了多久，他会逐渐有自己的意识、思维、世界观，在长大的过程中他会渐渐发现我们的爱有时也许是"错爱"，我们也会犯错，此时羽翼渐丰的他会开始反抗、纠正我们甚至会对我们表示反感，到那时我该如何面对? 会不会也像小吕的父亲那样"爱得过了头，让爱变成愁"?

小吕是我来美国后结交的朋友，我们"三观"很合，非常聊得来。前段时间她和我说了自己的一件烦心事。

在出国后小吕和父母的感情并没有因为距离和时差而变得更亲近，反而因为距离看清了父母的一些"问题"。

小吕的父母来美国看望她，在一起生活了 5 个月，小吕才知道原来父亲"病"得不轻：在小吕的印象中父亲是个心特大的人，对什么都看得云淡风轻。小时候小吕学习成绩并不好，她母亲急得又是报补习班，又是考虑转学，生怕耽误了女儿的大好前途。而小吕的父亲总能在一旁气定神闲地说："孩子嘛，就像小草，让他们自行生长就好了，不要太强求。"所以，小吕一直以为父亲是个精神上特别逍遥、什么事都可以容忍的人。事实证明，她真是误会父亲了。小吕说，以前连她的教育都不在乎的他，在自己来美国后多了很多莫名的担心：

"萨德计划"一出，小吕的父亲就开始担心美朝会不会开战，开战后会不会影响他们回家。小吕所在城市的安全性之高在美国已是数一数二了，他看到这里人烟稀少就会担心女儿被袭击；再比如，他总觉得女儿读的专业或许等毕业后没几年就不吃香了，到时候揣着外国名校一纸硕士文凭也找不到工作，以后生活怎么办？怎么存养老钱？

小吕说父亲愁得很认真：要么整宿睡不着觉，要么大清早起来恶心，要么半夜胃部隐隐作痛，要么时不时就觉得自己心慌得不得了。临行前，父母在国内做了全面身体检查，各项指标都很正常，但在美国这5个月，母亲的心态和身体都不错，父亲倒是从头到脚、从里到外，五脏六腑闹别扭。

无独有偶，我前两天在看克里斯多夫·柯特曼（Christopher Cortman）等几位博士写的《如何才能不焦虑》这本书。作者告诉读者如何理解焦虑，大脑如何产生焦虑，焦虑的功能以及它在人类生存中的贡献，病理学的进展等。然后介绍了5种主要焦虑症（恐惧症、惊恐障碍、强迫症、广泛性焦虑、创伤后应激障碍）的产生原因，结合实际例子讨论应对策略和克服这些焦虑症的练习。其中提到的广泛性焦虑和小吕父亲的症状完全一致。

具体来说就是，"即使并不存在特定的压力源，焦虑也同样可能发生"，它"是一种持续的、全天候的、不切合实际的、明明白白写在脸上的'我太紧张了，我要绷不住了，我得尖叫才行'的焦虑症状"。一言以蔽之，就是为焦虑而焦虑、只要活着你就不由自主焦虑的心理疾病。

说实话，一开始看到这种心理疾病时，我一度以为这是作者杜撰或强行凑出来的一种病。因为和恐慌症、抑郁症、创伤后应激障碍这些心理疾病相比，它的命名未免过于不严肃；而且无论是现代人还是距今 20 万年前的早期智人，只要还活着、有意识，谁没焦虑过啊。

对我们而言，焦虑就和呼吸一样自然。身为现代人，没有焦虑才不正常。可焦虑也是有度的。如果我们一天当中大部分时间内心、情绪、感受都处于不舒服的状态，看什么事都觉得一片灰暗、没意思极了，内心一定是出了状况。

更重要的是，广泛性焦虑不仅在精神上折磨着你，也影响着你的身体健康：疲劳、肌肉紧张、入睡困难、烦躁不安、头疼、腹泻、便秘甚至心肌梗死，都是这种疾病带来的折磨。

本书作者认为认知行为疗法对治疗广泛性焦虑最有效。

其实有点像给自己"洗脑"改变看待事物的方法，不断让自己往积极乐观的方向去看待事物。当然，这需要专业心理医生借助一系列治疗手段，比如"及时清空""体内生化疗法""感觉运动疗法"来改变情绪和认知。因为一切焦虑的来源并非事实本身，而是我们对事实的看法和认识。在患有广泛性焦虑的人眼中，这个世界是一个危险的地方，总觉得有人会伤害自己，认为事情永远都无法解决，所以才会有无力、绝望甚至愤怒的情绪产生。

不过认知行为疗法这件事也许在父母这代人身上挺难操作，一方面国内很多"50后"、"60后"的父母不太相信心理学，在他们眼里心理疾病都有点无病呻吟的味道；另一方面，父母对子女的操心是没有终点的，这是父母的本能决定的。所以，如果父母患有广泛性焦虑，对孩子过分操心，不妨另辟蹊径试试下面的方法：

首先，给自己做一个心理建设，告诉自己，每代人都有他们的时代局限，父母和我们的经历、见识、处世方式、家庭环境、生长背景不一样，所以不能强掰。在"纠正"父母的看法前，先要充分理解父母为何会产生这些消极想法。是不是自己的行为、表现让父母误会了？不了解源头直接进行说教和劝解都是无效的。

其次，使用移情。"移情"是精神分析的重要概念之一，最早由弗洛伊德提出，指在以催眠疗法和自由联想法为主体的精神分析过程中，来访者对分析者产生的一种强烈的情感。现在多指用其他事物去转移焦虑源的一种治疗方式。不要让父母一直陷在焦虑源中，而是投他们所好或者介绍新鲜的事物转移其注意力。

最后，营造熟悉环境。新环境会给人们带来新鲜感，但也会给人们带来危机感。就像小吕说她父亲尚未到美国时，因为没有切身体验过语言不通、文化隔阂、饮食不习惯、无人交流这些问题，所以对美国的生活一直持乐观看法。

来美国后各种新环境带来的困难扑面而来，让父亲措手不及且确实无能为力（不是所有人都能六七十岁还从头开始学英语），是不是让父亲来美国是自己做错了？小吕深深自责。

我告诉小吕，这些困难的确存在，且对她父亲而言也的确是巨大挑战，但这并不意味着是现在的新环境导致了他的广泛性焦虑。他可能一直都有焦虑，只是过去在熟悉的环境里这种焦虑没有表现出来，来了美国后瞬间被放大。焦虑会受到环境的影响，但病根儿还是基于个人对事物的看法和理解，就像同样的挑战和困难，在小吕母亲那里就不是问题。

所以，帮父亲尽可能营造一个熟悉的环境，比如带他去中国人多的地方交流，鼓励他多和自己在国内的老朋友联系也许值得一试。当然，让他尽快回归到熟悉的生活轨迹无疑是最好的办法。

其实，我们看待父母的焦虑和操心，不妨换个角度、多些理解，即这一切也是爱的体现，只是表达得有失妥当。因为父母对子女的现状不理解、不满意但又爱莫能助，所以只能把这种情绪酿成焦虑。

而我们能做的，就是对父母多些耐心，不是劝说、争吵或感到无奈放弃沟通，而是通过描述、解释和有结果性的行动，让父母明白自己可以面对因选择而出现的一切后果。

"如果上述办法都不奏效怎么办？"小吕问我。

"那就只有无条件地包容和取悦了。"我说。

## ♀ "父母在时，人生尚有来处；父母去时，人生只剩归途"

据说爱一个人就是让自己既有了铠甲也有了软肋，这句话放在父母与子女之间同样适用。过去为了保护我这个"软肋"，父母不得不练出结实的"铠甲"，近几年，我渐渐发现父母越来越成为我自己内心最柔软的一部分，为了他们，我也愿意让自己练就一副坚实的"铠甲"。而这副铠甲就先从无条件取悦父母开始。

刚到美国第一年，有一次接通我妈的视频被她劈头盖脸教训了一顿，事儿小得都不值得我敲键盘写出来。等她骂完后，我解释了一下才发现是一场误会。老妈撇撇嘴，面带未消的愠色和一点点的尴尬，说了句："好啦好啦，是我冤枉你喽，我去睡觉了，拜拜。"然后就剩我一人傻呵呵地对着屏幕想：老妈冤枉起人来怎么也这么可爱！？

这是我内心真实的想法，我承认，得到了一定的年龄才能有这样的境界。

这类事以前也发生过，都是火急火燎一通骂后才发现，哦，没事儿了，洗洗睡吧。那时的我怒火不小、心里委屈，绝不会有"可爱"这么美好的词蹦出脑海，心里想得最多的就是："我招谁惹谁了呀！"

自己对父母越来越理解和包容是从什么时候开始的？应该是从我特别愿意取悦父母开始的吧。

在人人都标榜不愿取悦他人、只愿讨自己欢心的时代，唯一能让我为之破例、心甘情愿去取悦的对象应该就只有父母了吧。而且取悦他们时，我是相当舒服的。

比如，我那位学英语的老爸时不时在电话里和我蹦几个英语单词时，我是一定搬出 VOA 主持人的发音来和他媲美的。因为当我在花甲之年时，是绝不可能每天花几小时去坚持学习一门语言的。

比如，我老妈说起某个女明星漂亮、气质好，我一定脱口而出："她到你这个年纪简直没法儿看，你是被时代耽误了，要不'一姐'压根儿没她什么事。"因为当我在她这个年龄时，肯定看上去不会像她一样比实际年龄年轻至少 15 岁。s

心甘情愿取悦父母，不是哄骗、敷衍或图谋什么，就是觉得一方面他们的确有让我敬佩的一面——我相信每位父母都有；另一方面，让他们开心是我这个年纪该担负起的人生责任。

对于父母而言，你的取悦、讨好、博他们一笑是费了心思、有着陪伴的，这比物质的付出有时更温暖、贴心。

但是，父母和我们的冲突、矛盾有时又不仅仅只是一场误会那么简单。它可能是安排你做一份自己不喜欢的工作，可能是棒打鸳鸯，可能是拦截你想飞的心，这个时候该怎么解决？

我之前收到过一位读者朋友的邮件，他是一名医学院的研究生，对学医毫无兴趣，倒是对皮具设计特别感兴趣。无奈父母都是医生，所以一手包办了他的前途，毕竟无论在哪个国家医生都是一份体面的工作。

可是，他每天都过得好痛苦，想到要把那些自己反感的教科书内容塞进脑子里牢记一辈子，想到自己将来在医院过着忙到没时间吃饭、觉都睡不饱的生活，他就十分痛苦。他深知父母是不会答应他放弃学医的，而他自己即使再喜欢皮具设计也不敢轻易走上那条路，毕竟之前没人走过。他问我怎么办。

说实话，这类事关"人生大事"的难题，就算你去问神仙，也不一定能给你满意的答复，更不用说我这个智慧平平的普通人能有什么妙解了。遇到这类难题，我自己的处理方式是：选择获取父母的信任一定比和他们争执、强辩要管用许多。

起矛盾时，通常我们的想法是："你是我亲爹妈，怎么都不理解我？"而父母的想法是："正因为我是你亲爹妈，太了解你了，所以才要这么做。"

不要怪父母总是干涉、插手我们的想法或选择，那是因为父母眼中真实的我们，与自己以为的我们之间有不小的差距。你想要更多的自主和空间，就必须用更多的独立和成功（不仅指财富、地位，更指做成你决定去做的每一件事情）去和父母博弈，这是让他们信任你、对你彻底放手最有用的方法。

我爸妈也像很多家长一样，在孩子大学毕业时想着让他们留在自己身边，帮忙安排一份稳妥的工作，一辈子就顺利平稳这么过下去。可是，很多年轻人都有一颗想去外面世界看看的心，我也不例外。那时，家里着手帮我打点当地报社的工作，可我知道自己是不甘心就这么安稳度日的，所以就和爸妈说想去大城市闯闯看。

反对是自然的，就这么一个独生女舍不得让她折腾啊。还好，我父母不独断，谈到最后给我批了 5000 元经费外加一张机票。我妈的原话是："就用这 5000 元买个死心吧，1 个月后钱花完，你也就安心回家了。"

　　然后，我就从家乡到了深圳，进入了一家世界500强企业工作，又借着工作这个平台从深圳调到了上海，在上海立业成家，现在又折腾到了美国。离家时22岁，10年过去了，父母当初期待我的那颗"死心"和"安心"已经回不了家了。

　　也是从我自己能在大城市独立、立足开始，父母对我的一切人生大事——比如换什么工作、和什么人结婚、折腾到美国来，这些决定他们从不干涉，只有信任和支持。

　　因为对子女爱之深，父母其实会比别人更"功利"。若真想让他们放手、安心，就要付诸更多的行动，交出更漂亮的结果，才能给他们一颗定心丸，去让你走自己的路。其实，即便我们做得足够好，与父母的隔阂也会因为时代与阅历的不同而无法消除，但和父母隔阂越来越大的那一刻一定起始于我们放弃、停止了沟通。能和父母好好相处，就是要坚持与他们好好沟通。

　　想想你是不是也习惯抱着不爱解释、懒得说明白这样的态度，或者用再简单不过的一两个语气词去回应自己的父母？很多时候我们会埋怨父母不好沟通、不理解自己，但如果你是用这样的态度去"对付"他们，又怎能让他们真的理解我们的想法、懂得我们的心思？

　　没有谁是天生就该完全懂你、理解你的，哪怕是我们的父母。

当我们放弃、停止和父母沟通，这意味着：我们不再想让双方靠近彼此；我们觉得他们老了，无法理解自己的意图和心思；我们觉得与父母的关系只能止步于父母与子女——即便内心也曾渴望和他们成为传说中的朋友、知己。没有任何一种关系能在缺少沟通的情况下健康成长。

所以，千万不要用"反正我说了你们也不明白"这样的态度去对待父母。只有耐心把事情、想法和心思讲出来，他们才能明白你是谁，你想要的是什么。能否达成共识、得到支持，决定权也许不完全取决于你，但如果连开口的机会都不给双方，就不要随意把"不懂你"的帽子扣给父母。

好好沟通，而不是去妄加揣测、轻易放弃，才能让父母觉得你们之间还有一座桥梁可以把彼此拉得更近。

之前看过一句话："父母在时，人生尚有来处；父母去时，人生只剩归途。"如果我们能明白这一世为父、为母、为子、为女的缘分，因为由不得自己掌控而分外珍贵时，也就能明白为了能够和父母好好相处所做的一切多么值得。

## ♀ 他山之石：亲密与距离的拿捏

美国人身上有很多我欣赏的东西，比如幽默、直接、独立、热爱运动、喜欢突显自己……但对于他们的亲子关系，在我近距离接触美国文化近三年后，依然无法欣赏。虽然老年后去养老院是很多美国家长的选择；身在同一座城市，甚至住的只隔几条街的距离，孩子们半个月、一个月去看望一回他们也觉得无妨，但对于深受中国传统亲子关系影响的我来说，很难从内心去赞赏这种所谓的独立亲子关系。

不过，不欣赏、不赞赏不代表美国人的亲子关系中没有值得我思考的地方。我在美国认识了Kevin（凯文）和Jennifer（詹妮弗），他们两人与父母的故事发人深省。

先来讲Kevin的故事吧。

有一天我参加一个聚会，闲聊中我问了在座的人一个经典而又刻薄的中国问题："老妈和另一半掉水里，只能选择救一个，你们救谁？"答案五花八门。

有拒不回答型的，比如Julie（茱莉）。她有一儿一女，均已成年，家庭和睦幸福。一开始她听到这个问题时，非常诧异。把她的原话翻译过来是这样的："天哪！世界上为什么会存在这样的问题？是谁想出来的？"然后托着下巴认真地想了一分钟，告诉我："这对于我来说实在太难了，我想不出，所以拒绝回答。"

"可你一定要选一个呢？"我坚持问。

她托着下巴又认真地想了一分钟："Sorry, I cannot！This question is so evil."（抱歉，这个问题太邪恶了，我回答不了。）

有临场发挥型的，比如 Tony（托尼）。他说："都是至亲至爱的人，太为难了。所以我干脆先下水吧，反正这一步是必需的，等下水之后就跟随本能去救吧。哎呀，太头疼了，咱们不要讨论这个问题了。"

其中 Kevin 的回答最让我意外，他想都没想就脱口而出救老妈。Kevin 一年前刚和相恋了半年的女友结婚，两人一见钟情，再见就谈婚论嫁了，目前还处在蜜月期，经常在推特上秀恩爱。我本以为冲着这份热乎劲，他也会选择救老婆。而且，在国内如果男同胞们选择救妈，多半会被贴上"妈宝族"的标签。我们认为，另一半才是与你共度一生的人，怎么能放着她不顾呢？

Kevin 说："我肯定会救我妈，她和我爸离婚后一直是我们母子相依为命，她教我做人，供我读书，让我尊重女性。我和我妈相处了 28 年，和妻子 Joe 只相处了两年，救我妈很正常吧。"

Kevin 解释完后我就理解了他的选择，并且觉得非常合理，一点儿也不"妈宝"。

无论是从感情基础、认识时间长短、共同经历来说，Kevin 和母亲的感情深度、长度和厚度都比与妻子 Joe 要丰盈太多。任何感情，能够持久地陪伴就早已胜过人间无数。感情先得有时间长度去打底，然后才有资格去谈深度和浓度。

从另一个角度来说，如果真的让自己的儿子放弃救亲妈，那一定是夫妻两人感情非常深厚、牢靠，完全无法想象未来的生活里失去她的每一天他将如何度过。那么 Kevin 和 Joe（乔伊）的感情深厚、牢固吗？从两人的推特来看他们目前过得挺幸福，但过日子完全是如人饮水，冷暖自知的事情，而且来日方长，谁知道未来会有什么变数呢。

一边是一起走过 28 年风风雨雨的母子，另一边是相爱两年的夫妻，即便夫妻之情和母子之情性质完全不同，但要说这甜如蜜的两年感情一定抵得过 Kevin 与母亲的

28 年母子情深，我很难相信。如果 Kevin 的母亲不是个好榜样，他还有可能会犹豫、为难，但 Kevin 对母亲评价颇高，让他不去救自己的母亲太难了。

有人说，爱情不在乎天长地久，只要爱对了人，一天胜过一辈子。这完全就是哄骗未经世事的小年轻们的一碗"毒鸡汤"，任何一种感情若要对比，少不了厚度和长度的丈量。

Kevin 的故事让我明白，美国的亲子关系也可以很亲密，但这种亲密是带有理性的，并非一方依赖、一方宠溺而结成的伪亲密。

而 Jennifer 的故事则让我明白了亲子关系中亲密也应该是保持一定距离的。

Jennifer 是我在社区咖啡馆做志愿者时认识的女生，即将大学毕业。有一次我们聊起中美两国家庭教育的问题，她讲了一个自己的故事。

在美国不少家庭父母与孩子的关系都不算融洽，父母离异，孩子叛逆，彼此关系冷漠，但 Jennifer 一家不是这样。她家很像美剧《摩登家庭》里菲尔一大家，彼此有摩擦但更多的是理解、温暖与原谅，Jennifer 的哥哥即使在青春叛逆期，也能和父母谈心，讲自己的烦恼和困扰。

在 Jennifer16 岁时,她认识了初恋男友,男友经常到家里来玩。她的母亲非常担心小年轻做什么出格的事,刚开始时不时借口"突袭"她的卧室。后来 Jennifer 和母亲保证说在 18 岁未成年前不会做越轨之事,母亲才不再干扰二人。18 岁生日那天,Jennifer 和男友一起找她的父母沟通,说两人都做好了准备,今晚想在男友家过夜,她也明白这意味着什么,但她还是希望完成这个选择。

Jennifer 说她的父母不喜欢她做的这个选择,但她已经成年,如果这件事是她想做的,他们尊重她的选择,只希望她能做好措施、保护好自己。因为父母没有干涉、批判、阻止她的选择,Jennifer 一直觉得自己的父母很棒,把与孩子之间的距离拿捏得很好,知道何时该介入、何时该退出,在她看来这种理解和适当的距离感代表的是信任,相信她有能力处理好自己的事。

Jennifer 一直很感谢父母对自己的信任,而这份信任也让她与父母一直维持了非常良好的亲子关系。

我在青春期时也曾对父母抱有怨念:为什么他们不理解我?为什么他们对我有这么多的束缚?为什么他们要把自己的意愿强加于我?这些年,随着经历更多,年岁更大，自己更加成熟，内心更加强大，最重要的是有了安迪后，我渐渐理解了一些：来到这个世界，我们都是第一次为人父母、为人儿女，平生第一次，难免会有诸多"不妥"，还望相互能多多体谅、指教。

# 第六章

# 当你的优点足够发亮，别人才会宽容你的短处

　　我们每个人从内到外多少都有缺点和短处。生在这个社会，我们不断被教育要进步、得体、精致，所以看到自己的缺点和短处时，稍有上进心的女性都会拼命修正自己的缺点，希望更加接近优秀、完美。

　　我也不例外。当我发现自己的逻辑不是那么严谨时，我会去 MOOC 等在线课程网站学习有关逻辑的相关课程，希望自己的逻辑更加"严丝合缝"一些；当我发现自己又胖了两斤时，就会在最短的时间内奔向健身房、游泳馆，让自己的体重回归正常。

　　这么做合情合理，对吗？

　　的确如此。我们需要纠正自己的缺点和短处，但比之更重要的是，我们需要让自己的长处更"长"。

　　我们都听过"木桶理论"，即一只水桶能盛多少水，并不取决于最长的那块木板，而是取决于最短的那块木板，这也可以称为短板效应。这个理论经常被用在企业组织、管理和团队中。

这个经典的木桶理论能流传多年是因为我们认可短板会限制自己的职业发展，所以补齐它当然很重要。

但今夕不同于往日，科技与经济的发展早已改变了我们的工作和生活模式。过去在传统行业中，个人的职业相对独立，性质也较为稳定，所从事的职业往往5年10年都不会有太大变动，在这种环境下，补齐在当前岗位上的短板，是必要的行为。另一方面，在信息不发达的年代，寻求他人帮助的时间成本较高，为了节省效率，人人都要尽可能做到凡事"一肩挑"。

在这个时代，我们的短板、缺点、不擅长的事情几乎都可以通过现代技术或与他人合作来解决。

如果你有很多的点子，但是没有人脉，也不擅长与人打交道，还不会技术，没关系，只要你的点子够棒，对行业的见解够独到，就可以通过社交网络吸引到有人脉的和有技术的人来帮你，共同合作实现你的点子。

台湾大学外文系学士、斯坦福大学工商管理硕士、著名台湾作家王文华在文学、主持、创业、营销等多个领域都有很大建树。他曾在采访中说："我做的事，没有一件事没把握的。"

所以，现在努力纠正自己的缺点和短处是一件性价比较低的事。我们要做的是控制自己的缺点，然后无限放大自己的优势和擅长之事，如此，才能发挥最大的个人价值，也才能让别人忽略你的短板，只注意你的优势。

## ♀ 没有核心竞争力，你凭什么说自己比别人强

　　来到美国后，我喜欢上了一档脱口秀节目《艾伦秀》，主持人艾伦·德詹尼丝的幽默和机智给我留下了很深的印象，所以我开始从她的访谈、报道和她写的很多本书里了解她的人生，我想知道为什么她能那么成功。

　　·她主演的电视剧 *These Friends of Mine*，从 1994 年一直播到 1998 年，高居收视榜榜首。

　　·她是历史上唯一一位主持过奥斯卡奖、格莱美奖和艾美奖的主持人。

　　·她在 2010 福布斯全球 100 名人榜中，超过布拉德·皮特、贝克汉姆等明星，位列第 23 位。

　　·她于 2016 年获得美国前总统奥巴马颁发的总统自由勋章（此奖与国会金质奖章并列为美国最高的平民荣誉奖，曾经的获奖人有史蒂芬·霍金、迈克尔·乔丹、比尔·盖茨等）。

·而她最为知名的脱口秀节目《艾伦秀》从 2003 年首播至 2018 年已获得 33 个日间艾美奖。

在演艺圈这个一切都转瞬即逝的名利场，为什么艾伦能屹立不倒？本以为她今日的成功来源于得体的家庭、良好的教育，事实却相去甚远。

我想问你们一个问题：如果一个女孩经历过父母离异、继父性骚扰、辍学，并且在四十年前大家对同性恋还持保守甚至歧视态度时当着上百万的观众承认自己是同性恋，这样的她的人生结局会怎样？

我们可能会想象出很多答案。比如，这样叛逆的人也许会成为罪犯，成为社会底层人士，或者幸运些，没留下太多心理创伤过上了普通人的生活。无论答案是什么，我们很难把经历过这些悲惨事件的人同非常成功的主持人画上等号。

而艾伦就做到了，那些痛苦的经历也是她的。

上天兜兜转转几十年，似乎和艾伦开了一个悲喜交加的玩笑，从看上去很容易走上"问题少年"的轨迹发端，到如今美国屹立不倒的常青树主持人，上天最终没有亏待这位幽默、坦荡、敢于做自己的女性，而这些正是她的长处。

　　艾伦出生于美国一个中产阶级家庭。在美国，一个典型的中产之家通常是这样的：父亲赚钱养家；母亲操持家务；一般有 2—4 个孩子和一两条狗；儿女们顺利进入大学，毕业后找一份稳定的工作，各自组建家庭过自己的生活。

　　艾伦本应该是这众多"正常人"中的一位，但在她13 岁那年父母离婚了，艾伦跟随患有深度忧郁症的母亲一起生活。几年后母亲再婚，没想到遇人不淑，碰上了一个喜欢对女儿性骚扰的丈夫。最过分的一次是，当时艾伦的母亲患了乳腺癌，继父竟告诉艾伦要通过摸她的胸部来确认母亲是不是新增加了囊肿。

　　年幼的艾伦只能把这些告诉母亲，没想到换来的却是母亲对自己的不信任。

　　初中毕业后就辍学的艾伦搬离了那个恐怖的家，开始自谋生路。服务生、酒保、吸尘器销售员……她做过的工作不下几十种。在 28 岁时，艾伦的工作总算上了正轨，她因为在约翰尼·卡森的脱口秀节目《今夜秀》里表演了一段《给上帝打电话》的节目而成为该栏目的常驻嘉宾。这里简单介绍一下约翰尼·卡森这个人和《今夜秀》这个节目。已故的卡森绝对是当时美国脱口秀界的王中王，他主持的深夜脱口秀《今夜秀》巅峰时期每晚有 1000 万以上观众收看，上过这个节目的名人有约翰·列侬、披头士、拳王阿里、尼克松总统等，数不胜数。

《今夜秀》1954 年开播，至今仍在播出，节目诙谐、幽默、针砭时弊，而艾伦表演的《给上帝打电话》这个节目背后其实还有一段辛酸的往事：

艾伦在 19 岁时与一个女孩相遇、相爱，开始交往。恋爱中的情侣争吵是常有的事，但在争吵后另一半遭遇车祸天人永隔的事却不常有，不幸的艾伦遇上了这件事。当时的她工作不稳定，蜗居在潮湿脏乱廉价的地下室，又痛失爱人，绝望的艾伦真是求助无门，只想打电话或写信问问上帝，为什么这一切的悲剧都被她撞上了？自己的未来究竟在哪里？最后，这段经历被编成《给上帝打电话》这个节目，在当时最火的脱口秀上播出。

此时，艾伦已经 28 岁，人生总算有这么一件好事发生了。

可能有人会把艾伦的成功归结为运气，毕竟经历了那么多波折还能取得这般巨大的成就，没有一些势与运是不可能的。也许吧，世上不幸的人有千千万，但不是人人都能成为巨星，每一种成功背后都需要运气的支撑，但若说她只凭运气确实不够公允。

　　每一位成功、优秀的人都"有一手"，否则运气来了也抓不住，而艾伦的这一手就是幽默。

　　未成名时的她就经常靠幽默逗乐患有深度抑郁症的母亲，幽默的力量一直在她心里。在一次访谈中，艾伦曾说过电视公司制作的她的节目《艾伦秀》一开始很难售卖，跑了很多地方推广都被拒绝，专业人士认为人们不会喜欢这种节目的。但播出后，这档节目出人意料地深受观众喜爱，之后播出了近15年。

　　《艾伦秀》来过很多明星、当红人士甚至总统，无论嘉宾是何身份，艾伦总能把幽默运用得妥帖、自如。美国前总统奥巴马做客《艾伦秀》时，在节目里与艾伦一起热舞，投入得不得了，完全难以想象这是坐镇白宫、对世界产生重大影响的一位人物。而曾经的第一夫人米歇尔也不止一次做客《艾伦秀》，在节目里这位曾经的第一夫人被艾伦"忽悠"一起比赛做俯卧撑，一起热舞，还一起逛超市，幽默调皮的艾伦不仅在一旁用挠痒痒的"老头乐"干扰米歇尔购物，最后索性跳进了米歇尔的购物车"搭顺风车"。在采访功夫巨星成龙时，艾伦又贴心又幽默地说："我不想你把全身的骨头都搞坏了，所以歌手是更安全的职业。""怂恿"成龙转行去做歌手。

艾伦并没有把她的幽默天分只作为大众的娱乐和消遣，作为最火的日间节目《艾伦秀》的灵魂人物，她也会邀请"特殊"嘉宾上节目来谈论一些敏感问题，比如女权，LGBT（英文女同性恋者、男同性恋者、双性恋者、跨性别者的首字母缩略字）权利问题等，让普通大众对一些少数群体加深了解，从而营造一个更加平等和尊重的环境。

如果说艾伦的成功一半来自幽默，另一半绝对就是保持真我、做自己了。"做自己"三个字说来简单、容易，但在这个时代人人都想变得情商更高，更会说话，更有魅力……总之，人人都想升级自己却总在升级的过程中丢失了原汁原味的自己。

而艾伦的"做自己"是动真格的。

1997年时艾伦已获得两次艾美奖提名，是当红的明星了，可她却在自己主演的电视剧里当着全美国上百万观众的面公开性取向。这一举动使她丢掉了所有的工作，3年来没有一通工作邀请电话。30岁职业迈入正轨，40岁成名，却在正当红时把自己的"弱点"公之于众，一夕间名利化为乌有。

也许有人会觉得艾伦是不是傻啊！要知道，在20年前即便是在开放的美国，对同性恋的态度也是暧昧的。

更何况是名人，公开自己"异常"的性取向，很有可能被"千夫所指"。即便是现在，公众人物想要公开自己是同性恋也会慎重再慎重、谨慎再谨慎，因为真的输不起。艾伦做出这个选择的理由很简单，也很真实，她曾在节目里说："公开'出柜'的时候很害怕，我真的不想让大家知道，只是自己觉得还是要真实面对。"

上天总是不会辜负问心无愧的人，艾伦熬完了最灰暗的3年，事业逐渐重上正轨，几年后红到现在的《艾伦秀》问世了。

事业丰收，爱情也没落下。2008年5月，已经50岁的艾伦在自己的节目里宣布订婚的消息，同年8月17日与相恋了8年的女友结婚了。

艾伦曾在美国知名大学杜兰大学的毕业典礼上致辞，讲过这样一段话："对我来说，生命中最重要的事就是活得诚实！别逼自己去做不真实的你，要活得正直，有怜悯之心，在某些方面做出贡献。"

对一些女性来说，演艺圈或许是一个需要人脉、背景、美色的地方，这些资源艾伦都没有，甚至算是她的短板，但正是凭借自己独特的才华——幽默、真实，她也取得了今天的成就。现在，没有人会再讨论她没有女人味、身材不够好、是个同性恋这些所谓的"短板"，大家只会记得她有多忠于自我，多真实可爱。

曾经有一位知名的经济学教授引用了两个经济原则对为什么我们需要加强自己的优势、做擅长的事做了贴切的比喻：

第一，比较利益。最大限度地发挥自己的优势，做擅长的事才能胜任，才是对自己最有利的。

第二，机会成本。做自己擅长的事意味着你放弃了其他一些选择，这形成了机会成本，所以会促使自己更加全力以赴。

所以，我们女性同胞不妨去试着忽略、看淡自己的短处，不要再试图成为他人、社会眼中"完美的女性"。我们要做的是认真找出自己的优势和擅长之事，然后拼命让它更大、更强，直到足以让他人忽视你的短处。

## ♀ 高情商，让你在这世界上如履平地

　　我在上文提到，我们也许不需要费劲纠正自己的缺点和短处，但还是可以试着去控制，而在我们诸多缺点里，最难去控制，也是最有价值去控制的，就是我们的情绪。

　　我们身上的"短板"也许有很多，但我们几乎都可以试着从另一个角度去看待它们。比如，我们也许没有模特的身材，但我们可以"阿Q"一点，告诉自己这个身高刚好和自己的娃娃脸很搭调，可以显得比实际年龄年轻不少；再比如，我们也许比较爱讲话，显得不够沉着稳重，但我们可以告诉自己，讲话速度快就说明我们脑子反应够快。可唯有一项短板我们找不到理由"粉饰"它，那就是情绪的不稳定导致的"低情商行为"。

　　说一个我自己的例子。在我上一份工作中，我的团队招进来一位新人。在第一次参加每周的团队例会时，她因为讲话讲到第三句时还没有说到工作重点，我的急性子瞬间爆发了，直接甩了句："不要浪费大家时间，直接告诉我们你本周的工作内容、工作成果、工作困难是

什么。"那副板着脸、语气冰冷的样子着实吓着新同事了。

我知道情绪不稳定会导致无数弊端，它会让我丧失理智，工作效率更低，团队合作变差，沟通无效，伤害与家人和朋友的感情。更重要的是，在别人看来，大家很容易把情绪稳定程度与靠谱程度画上等号，显然，情绪不稳定的人在大多数人看来是不太靠谱的。

很多次，在我火急火燎、发完一通脾气后都后悔得要命，然后暗下决心一定要有所改变。但下一次还是"情不得已"。

这个世界有一个普遍看法，那就是女性的情绪稳定性比男性差。得出这个结论确实也有一定的科学依据。科学研究表明，情绪稳定性具有一定的跨文化一致性，与性别的差异也有一定的相关性。也就是说，各个文化背景下的人们其情绪不稳定性也许都与性别存在着一定的关联。20世纪80年代，人格研究者们在人格描述模式上达成了共识，据此提出了核心人格理论的五因素模式，被称为"大五人格"。1995年对于早期大五模型的元分析研究报告了女性具有更差的情绪稳定性。对不同年龄段的性别差异研究和36个国家的跨文化研究中，同样验证了女性具有更差的情绪稳定性。而使用"大五人格检测"进行跨文化研究时，发现女性在情绪不稳定性、宜人性、对情感的开放性上得分较高，男性在坚定性、对想法的开放性方面得分较高。

而神经学也对这一结论更加确定。

来自巴塞尔大学（University of Basel）分子和认知生物学跨学院研究平台的研究组首先经过四组预测试筛选出 3398 名被试人员，接着通过实验，研究人员证明了女性在应对会引起人某种情绪——尤其是负面情绪——的图片时，会比男性被试人员反应更加强烈，更加情绪化。然而在中性情绪图片的测试中，被试人员的反应却没有性别差异。在随后的一项记忆测试中，女性被试人员会轻松地比男性回忆起更多的图片。在回忆正面情绪的图片时，女性相对于男性的优势非常明显。该研究的首席作者 Klara Spalek 博士解释说："这一结果将会印证一个普遍的观点，即女性比男性更情绪化。"

所以，如果你和我一样，也认为自己的情绪不够稳定，此时可以原谅自己一下，毕竟这个短板是"性别原罪"。但我们不能让这个"性别原罪"拖垮我们，毕竟下一次发飙、大哭时，我们不能指望也不希望对方因为我们是女性而迁就、原谅、理解我们。

拯救我们，还得靠我们自己。

现在市面上有不少教授情绪管理的书籍，提供的方法五花八门。无论哪一种方法，最重要的是使用方便、易于坚持。在此，我想介绍两种我经常使用的情绪管理方法给大家，希望能有一些帮助。

方法一：即刻深呼吸。

看美剧时，老外们动辄在情绪失控时就会说"deep breath（深呼吸）"，其实这招真的非常奏效。只是，通常我会把这一步稍微提前一点。不要等到即将奔溃、失控时才深呼吸，因为我很怕自己还没做就先爆发了，而当我察觉已经开始有负面情绪、怒火时就赶紧做深呼吸，通常我会连做三下，然后确认自己的情绪是否有所缓和。

方法二：我会喜欢我吗？

如果还没有完全丧失理智，我会逼迫自己回答一个问题："现在我这副样子，我会喜欢我自己吗？"这里，第一个我不是"我"，而是跳出"我"的另一个人，来审视"我"。

我会把另一个"我"想成是父母、爱人、孩子，然后试着从他们的角度去看待快要爆发的自己：如果我是"我"的父母，会想要这样的"熊孩子"吗？如果"我"是我的丈夫，会依然爱现在这个暴躁的伴侣吗？如果"我"是我的孩子，会希望自己有这样一个情绪不稳定的母亲吗？

　　拿身边的亲人去做自己的镜子，这面镜子对面孔气到即将变形的自己真的很有舒缓作用。

　　看看那些在各个领域取得巨大成就的女性——无论是作家、戏剧家、翻译家杨绛先生，惠普 CEO 梅格·惠特曼 (Meg Whitman)，还是被英国《BBC 音乐杂志》评选出的全球最杰出的 11 位女指挥家之一的张弦，无一不以冷静、克己而著称。懂得控制情绪的女人看上去是压抑了自己，但背后显示的是强大的克制与理性，这样的女人更容易把握自己的人生，无往而不利。

## ♀ 阅读，让你的灵魂充满香气

　　我身边活出"高级感"的女性，无论是在事业上取得成就还是把家庭生活经营得活色生香的人，无一不热爱阅读。她们有的是行业先驱公司的高管，有的在海外财富 50 强公司任职，有的是文艺女青年，有的是全职主妇，无论她们的行业、职位、身份多么不同，爱书是她们的共性。

　　没有任何一个时代像我们身处的这个时代如此鼓励大家阅读、学习。台湾知名主持人、作家蔡康永曾说过，他对于大家把自己称呼为"读书人"这件事非常不解，因为在他看来，读书就和吃饭、呼吸一样，是生活的必需。没有人被称为"呼吸人""吃饭人"，所以"读书人"也不应该是什么特别的标签。

　　的确，那些生活丰盈、自我笃定、内心充实的人，都把读书视作一种如呼吸一般的习惯。

　　我的一位朋友现在和丈夫定居巴黎，闲聊时我问她，法国的女人是世界公认的优雅，果真如此吗？朋友说，法国女人的优雅是真实的，但她们的优雅并非来自于姿态、香水、衣着和妆容，而是她们的谈吐。朋友说，每个法国女人都是书评家、影评家，她们谈论美容，谈论烘焙，也谈论政治，谈论经济局势。和她们在一起你会觉得特别有趣、丰富，而这有趣、丰富的背后与她们大量的阅读有很大关系。

所以，让法国女人变优雅的不是香奈儿，不是欧莱雅，这些只是表象，骨子里的书香气才是她们迷人味道的来源。

朋友说，在法国随处可见女人读书的身影，咖啡馆、餐厅、公交车、地铁站、飞机……电子通信改变了时代，然而法国女人爱读书的传统依然没有改变。法国民意机构曾做过一个调查，显示法国平均每人每年读书约 12 本，从几岁到几十岁，人人都在阅读，而法国女人世袭传承般的优雅，也不无嗜好阅读的原因。她们把生活读成诗，读成散文，读成小说，而阅读本身也让她们越变越美。

曾任国务院总理的温家宝在 2010 年与网友交流时曾表示："一个不读书的人是没有前途的，一个不读书的民族也是没有前途的。"的确如此。以色列是世界上最爱读书的国家之一，虽然该国图书的价格非常昂贵，但以色列人对购买图书却十分慷慨。这个 800 多万人口的国家，是世界人均拥有图书最多的国家，持有借书证的就有 100 多万人。正因为如此，这个人口稀少、建国时间只有 70 余年的国家至今已经拥有了 12 位诺贝尔奖得主。而以"民风彪悍"著称的俄罗斯也有"最爱阅读国家"的美誉。1.4 亿俄罗斯人的私人藏书多达 200 亿册，平均每个家庭藏书近 300 册。即便如此，俄罗斯政府仍痛感国民阅读量下降。2012 年俄罗斯政府在全国范围内采取紧急措施，制定《民族阅读大纲》，用法律手段保证阅读数量的快速增长。

有人说"书是女人最好的化妆品""是女人永恒的'颜值'"，这番话难免有夸大阅读功效之嫌，毕竟那么多科学家研究抗衰老，那么多化妆品公司以此为生，但是，的确，读书与不读书的女人举手投足、接人待物、言谈举止全然不同。

杨绛先生就是凭借自己的才华在众多清华女学生里脱颖而出，征服了当时校园里赫赫有名的大才子钱钟书先生的。初到清华，杨绛的容貌并不算佼佼者，而且当时女同学们受西方先进文明影响，打扮得都很洋气，相形之下，杨绛不免显得朴素。但没过多久，杨绛便以惊人的才气使大家刮目相看。据称，当年"杨绛才貌冠群芳，男生求为偶者 70 多人，谑者戏称杨为'72 煞'"。

当然，读书不仅让人谈吐不俗、有吸引力，更能够让女性在这个世界里明事理、辨是非，带着强大的头脑在这个世界成就自己、成全他人。

刘瑜是我特别喜欢的一位女作家，是清华大学人文社会科学学院政治学系副教授、哥伦比亚大学政治学博士。我对政治学向来没有什么天赋，也不太愿意去碰触这类书籍，总觉得它们很"硬"，很生涩，但刘瑜的作品深入浅出，让我这样一个政治学门外汉不仅能够看得进去，还能读得津津有味：《民主的细节：美国当代政治观察随笔》《送你一颗子弹》《观念的水位》这几本书里关于政治、体制的内容讲得有趣、易懂，这背后反映的是作者庞大的阅读量，其中举出的书籍数目之多令人咋舌。而作者在书里写了自己在哥大、哈佛、剑桥读书和工作时的一些生活经历，也激起了我对国外校园生活的向往之心。

还有研究中国古典诗词的大师叶嘉莹先生，1990 年获授"加拿大皇家学会院士"，成为该学会自成立以来唯一的中国古典文学院士，现已 95 岁高龄，在 80 多岁时还著书、讲课，传播中国古典文化。我来美国时带的为数不多的几本书里就有她的一本《人间词话七讲》，在飞行的 15 个小时里，我一口气读完了这本书。其中，叶先生对经典的敏锐洞察，对东西方批评理论的融会贯通，植根于深厚底蕴的独到见解让我非常震撼。全书旁征博引却深入浅出，功力可见一斑。

你看，爱读书的女人，总是润物细无声地影响着他人，让人们检验自我、爱上一门学科，或者想要去探寻更远、更大的世界。

我不敢妄称自己是个会读书的人，但我对这世上的任何一本书都充满敬意。尤其是我自己也开始成为专栏撰稿人、职业作家后，一年时间里林林总总写了 30 万字，让我更加明白每一个字背后都凝聚着作者的努力、付出与期待。

读书是我工作的一部分，也追求效率高、效果好，所以我会特别留意好的阅读方法。从堪称阅读方法的"圣经"书籍《如何阅读一本书》到这几年很流行的一些读书方法，比如奥野宣之的"笔记读书法"、美国科罗拉多大学物理系研究员万维钢的"强力研读法"都是让喜爱阅读的人受益颇多的一些方法。除此之外，我还非常喜欢往回看，从"大家"身上学习他们的阅读方法。我总结了自己非常喜欢的四位文学大师的阅读方法，学会其中一项都能让人受益匪浅。

鲁迅的读书方法

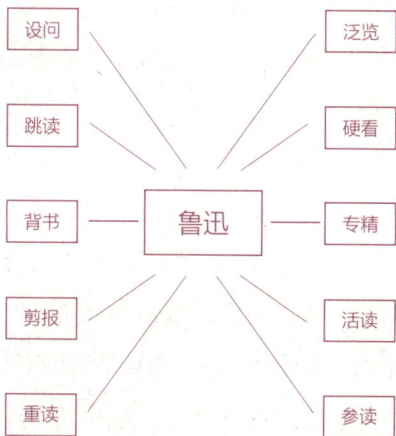

| 设问 | | 泛览 |
| 跳读 | | 硬看 |
| 背书 | 鲁迅 | 专精 |
| 剪报 | | 活读 |
| 重读 | | 参读 |

大文豪鲁迅先生的读书心得总结下来有 10 点：

一是泛览。他提倡博采众家，取其所长，主张在消闲的时候，要"随便翻翻"，要"多翻"。他认为这种方法可以防止受某些坏书的欺骗，还有开阔视野、拓宽思路、增长知识等好处。

二是硬看。对较难懂的必读书，硬着头皮读下去，直到读懂、钻透为止。

三是专精。以"泛览"为基础，选择自己喜爱的一门或几门，深入地研究下去。

四是活读。鲁迅主张读书要独立思考，注意观察并重视实践。他说："专读书也有弊病，所以必须和社会接触，使所读的书活起来。"他还主张用"自己的眼睛去读世间这一部活书"。

五是参读。多参读作者传记、专集，以便了解其所处的时代和地位，由此深化对作品的理解。

六是设问。就是拿到一本书，先大体了解一下书的内容，然后合上书，可一边散步，一边给自己提一些问题，自问自答：书上写什么？怎样写的？为什么这样写？要是自己，这个题目又该怎么写？鲁迅认为带着这些问题去细读全书，效果会更好些。

七是跳读。读书遇到难点，当然应该经过钻研弄懂它。但鲁迅认为"若是碰到疑问而只看到那个地方，那无论看到多久都不会懂。所以跳过去，再向前进，于是连以前的地方也明白了"。

八是背书。鲁迅制作了一张小巧精美的书签，上面写着"读书三到，心到、眼到、口到"10个工工整整的小楷字。他把书签夹到书里，每读一遍就盖住书签上的1个字，读了几遍后，就默诵一会儿，等把书签上的10个字盖完，也就把全书背出来了。

　　九是剪报。鲁迅十分重视运用"剪报"这一方法来积累资料。他的剪报册贴得很整齐，分类也很严格，每页上都有他简要的亲笔批注。鲁迅曾利用这些剪报写了不少犀利的杂文。鲁迅曾说过："无论什么事，如果陆续收集资料，积之 10 年，总可成一学者。"

　　十是重读。这是指读过的书，隔些日子再重读书中标记的重点，花的时间不多，却有新的收获。

### 胡适的读书方法

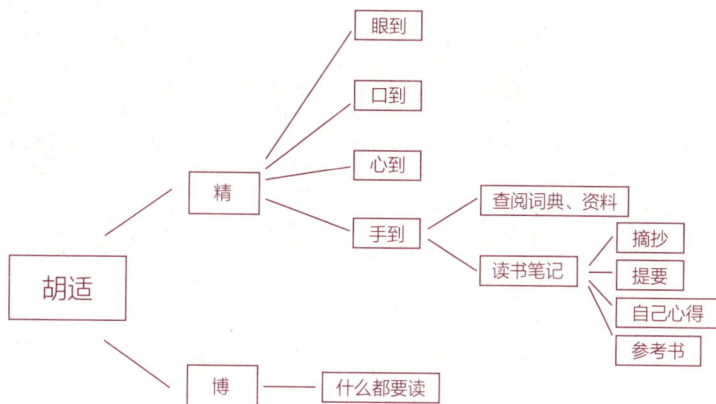

胡适认为读书有两个要素：第一要精，第二要博。

所谓"精"：就是眼到、口到、心到、手到。

眼到，说的是每个字要认得，不可随便放过。读中国书时每个字的一笔一画都不放过，读外国书要把 A，B，C，D 等字母弄得清清楚楚。眼到对于读书的关系很大，一时眼不到，贻害很大，并且眼到能养成好习惯，养成不苟且的人格。

口到是一句一句要念出来。胡适虽不提倡背书，但认为有几类的书仍旧有熟读的必要，比如心爱的诗歌、精彩的文章。念书的功用能使我们格外明了每一句的构造和句中各部分的关系。

心到是阅读时思考每章每句每字意义如何，何以如是。所以需要多查字典、词典。总之，读书要会疑，忽略过去，不会有问题，便没有进益。

手到就是读书必须还得自己动手，才有所得。要多查词典、资料、做读书笔记。

读书笔记又可分四类：抄录备忘，作提要、节要，自己记录心得，参考诸书。

所谓"博"，就是什么书都要读。

"博"有两个意思：

第一，为预备参考资料，不可不博。

我的理解就是杂读，然后触类旁通。比如胡适提到，"你想读佛家唯识宗的书吗？最好多读点伦理学、心理学、比较宗教学、变态心理学。"

第二，为做人。

胡适认为："为学要如金字塔，要能广大要能高。"

毛姆的读书方法

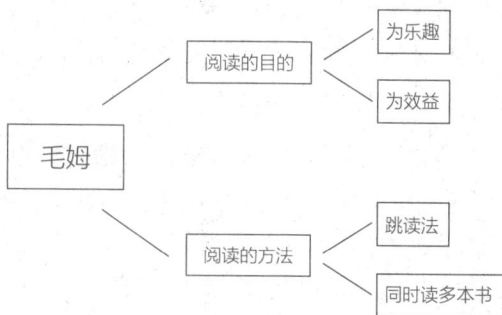

```
                          ┌──────┐
                    ┌─────│ 为乐趣 │
           ┌──────────┐   └──────┘
           │ 阅读的目的 │
           └──────────┘   ┌──────┐
   ┌────┐     └─────│ 为效益 │
   │ 毛姆 │              └──────┘
   └────┘
                          ┌──────┐
           ┌──────────┐   │ 跳读法 │
           │ 阅读的方法 │───┤  └──────┘
           └──────────┘
                          ┌────────┐
                    └─────│同时读多本书│
                          └────────┘
```

关于读书，毛姆最突出的观点之一，就是阅读的目的应该是从读书中得到持久的乐趣。

他反对功利化地读书，但强调读书要有"教益"，写得枯燥无味的书和有乐趣但内容无聊的书，都不适合阅读。还有些书有趣又有益，但其中的有些章节烦冗枯燥，可以采用"跳读法"，将那些无趣的章节一目十行地略过。

正因为强调"跳读法"的好处，所以和很多文学大家不同，毛姆并不主张完全按照原样阅读所有经典。

阅读是毛姆每天都要做的事情。从自己的读书经验出发，毛姆提出，在一段时间内同时读五六本书比只读一本书更合理，因为"即使在一天之内也不见得会对一本书具有同样的热情"。每天早晨，在开始一天的工作前，毛姆总要读一会儿书，而且大多数时候读和哲学或者科学相关的书，因为这类书籍需要集中精神来读。一天的工作完成后，毛姆往往读历史、散文、评论与传记，晚上则读小说。

对于"床头书"的选择，毛姆说在床头放一本"可以随时取看，也能在任何段落停止，心情一点儿不受影响的书"。

### 列夫·托尔斯泰的读书方法

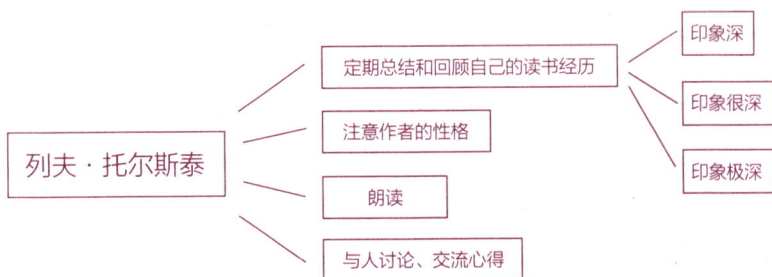

列夫·托尔斯泰

- 定期总结和回顾自己的读书经历
  - 印象深
  - 印象很深
  - 印象极深
- 注意作者的性格
- 朗读
- 与人讨论、交流心得

第一，善于总结和回顾自己的读书经历，并加以归纳。

1891年，60多岁的托尔斯泰曾在给一位友人的一封信中开了一份书单，题为"对我产生了印象的书籍"。在这份书单中他把过去各个年龄阶段所阅读的书籍分成"印象深""印象很深""印象极深"这样三个层次。

第二，读文学作品，一定要注意作者的性格。

他在1853年的日记中写道："读书，尤其读纯文学的书，要把主要的注意力放在该作品中所表现的作者的性格上。"既关心文学作品中的人物性格，更关注"文学作品中所表现的作者的性格"。

第三，托尔斯泰喜欢朗读文学作品，并在诵读中感受或评判一篇文学作品的好坏。

托尔斯泰在休息、闲暇或与友人聊天的时候，经常会动情地朗读起他所喜欢的一些文学作品，并经常因朗读而感动地掉下眼泪。有时候，他在朗读之后，还会加以评说。

另外，他在阅读书籍之外，还经常喜欢与人谈论、交流思想和读书心得。

**本章参考书籍：**

鲁迅：《鲁迅全集》（人民文学出版社，十六卷本，

1981 年版）

胡适 :《怎样读书》

威廉·萨默塞特·毛姆 :《毛姆读书随笔》

列夫·托尔斯泰 :《对我产生了印象的书籍》

## ♀ 活成一座孤岛的女人不会美

　　我是一个比较外向的人，喜欢和他人交流、沟通，和朋友聚会时，通常我也是负责暖场的那一个。但刚来美国时我英语不好，没法和人交流，好不容易敢开口说话了，人们谈论的一些话题（比如橄榄球比赛）、笑话我又完全不懂，根本聊不起来。而且美国人是表面上很热情会主动朝你微笑、和你打招呼，但真想走心地往深处聊聊，很难。大家聊聊天气，聊聊用餐，聊聊最近忙什么，然后就各自挥手告别了。

　　所以，起初我在美国的生活非常痛苦，这种痛苦完全碾压了对异国他乡的新鲜感。不懂这里的文化、没有人了解你的想法，你也无法真正了解别人的想法，聊天的时候热火朝天（这完全源于美国人的语气、语调太夸张，以及肢体语言太丰富），但完全是没有深度的沟通。更糟糕的是，就算在这种没有深度的沟通中，对方也经常会因为我发音不标准而中止谈话，不得不一遍遍带着一脸"问号"问我"what？"。

真是身在繁华世界，却感到莫大的孤独。

既然这么累索性我就不交流了。我当时的想法是反正也不一定在这里长待，就假装成一个内向的人熬过这几年算了。可有一次和国内的两个小伙伴视频聊天，我发现自己不仅英文讲得不好，因为长期不与外界交流，就算使用母语讲话，我也说不利索，总是会慢半拍去接话，而且从不主动讲话。

事儿大了！感觉再"沉默"下去自己会变成外星人。而且，我突然想明白，其实能出国是一件挺不容易的事，为什么不好好享受当下呢？英语不好就多说，文化空白就多了解，老祖宗说得对，"既来之，则安之"。

所以，从那以后我厚着脸皮做了很多主动搭讪的事。比如，有橄榄球比赛时我就申请去做志愿者，在后厨帮忙做鸡肉和牛肉汉堡。后厨房里十几个志愿者，都是20多岁的金发女郎，就我一个黑头发、黄皮肤的大龄女青年跟着她们一起"假High"，但也是有收获的，除了学会做汉堡外，还认识了美国的Jane(简)和Yallen(亚伦)，从她们那里我对美国大学啦啦队有了更深的了解，也领略到了波多黎各人民的热情和乐观。

我还给3个外国人义务教了1年的中文，激起其中一位对上海和北京的向往，暑假就和全家去中国旅行了。

同时，我也开始在一些平台写自己在美国的生活和见闻。当时的想法是，有一天即便我离开这里，记忆即便会模糊，但文字能证明我曾经在这里的痕迹。

然后，神奇的事情发生了。我的胆子变大了，于是越来越敢和不同的人搭讪，结果就是语言变得越来越流利；我的文章开始有越来越多的人去看，于是我收到了LinkedIn（领英网）的邀请，成为他们的专栏作者，通过这个平台有三家出版社的编辑找到我，希望能合作出书；而我那些做志愿者的经历、教外国人中文、结识不同国家的朋友……所有这些经历，都成为我书里的素材。

《岛上书店》这本书里有一句非常经典的话："没有谁是一座孤岛。"确实如此。只要我们愿意把触角伸出去，去探触比现在更远一点的地方，我们的生活就会发生改变，甚至还会迎来幸运。

这个时代的女性已经不会让自己"养在深闺人未识"，但还是有不少人把自己"困"在购物网站、视频网站和社交软件上，用"买买买、刷刷刷、赞赞赞"来打发自己的生活。偶尔为之不是不可，但如果闲暇生活里只有这些，人生难免感到贫瘠。所以，不妨试着关掉电脑、放下手机，去真实的世界里和人交流，尝试那些自己从未做过或者想做一直没能做到的事，一定会有奇妙的事情发生。

不要让自己活成一座孤岛，只要你愿意把触角往外伸，哪怕只是闲逛都可能会有奇妙的事情发生。

我和管管能成为夫妻就是因为我在大街上闲逛的缘故。每次别人问起我："你俩不是同学，也不是同事，更不是别人介绍的，那你们怎么认识的？"我会告诉对方，我俩是在大街上认识的。

大街上每时每刻有许多人同我们擦肩而过，但我们就是成了命中注定的那一对。

当时我刚工作半年多，放完年假从老家回到上海，自己在逛街顺便去公司拿资料，准备第二天开工上班。在公司楼下遇到了当时还在读研究生的管管，他和另一位女同学在参加一个职业培训的项目，其中一个环节是售书。大概当时我毕业不久看起来还是有点学生气吧，他们误以为我是学生就跑来向我推销。我觉得他们勇气可嘉，就买了那本书。和那位女同学闲聊，她得知我在某财富500强公司上班非常羡慕，因为这是她很想去的公司之一，所以她请求我留下手机号，以后方便时向我"取经"。这个请求我自然是不会拒绝的，所以就把自己的手机号给了她。后面的故事也许你们能猜出一二。一旁的管管也默默记住了我的手机号，然后在第二天给我发短信、打电话，一开始还装模作样地请教我找工作的事，后来就变成讲述自己的经历，约我出来逛街、吃饭。当然，我们的感情并不是那么一帆风顺就建立起来的，因为几个月后我被公司外派到厦门出差，要去半年多，我觉得异地恋不太靠谱，就提出了分手。后来，还是管管锲而不舍从上海追到了厦门，打了无数个长途电话，感动了我，最终我决定和他在一起。

你看，只要你愿意把触角往外伸出一点，世界就会给你回报。

美国社会学家格兰诺维特提认为人际关系网络可以分为强关系网络和弱关系网络两种。

强关系指的是个人的社会网络同质性较强（即交往的人群从事的工作、掌握的信息都是趋同的），人与人的关系紧密，有很强的情感因素维系着人际关系。反之，弱关系的特点是个人的社会网络异质性较强（即交往面很广，交往对象可能来自各行各业，因此可以获得的信息也是多方面的），人与人关系并不紧密，也没有太多的感情维系。

格兰诺维特认为，关系的强弱决定了能够获得信息的性质以及个人达到其行动目的的可能性。在他做的调查中显示，一个人认识的各行各业的人越多（即有越多的弱关系），就越容易办成他想要办成的事。而那些交往比较固定（强关系）的人则不容易办成事。

乍一看这个理论好像有点不合理，我们都认为关系很"铁"才能办成事，泛泛之交凭什么愿意帮你呢？其实，能和我们形成强关系的人往往也与我们有着相似的背景、经历、资源，而在如此流行转行、跨界的今天，越和自己相似的人越难帮自己打破"壁垒"。就像我过去的圈子，大部分人都是教育行业、培训行业的人，而让我成为职业撰稿人和作家的人并不是他们，反而是我连面都没见过的一些人。

所以，无论是想让自己的生活发生幸运的事，想让自己转变职业轨迹，还是只是单纯地想让自己与过去的生活方式不太一样，我们都应该走出去，把触角向更远的地方伸一伸。用阅历、经历和见识让自己丰富起来的女人，很美很动人。

第七章

女人不美，死不了，也活不好

　　谈到女性，一个绕不开的话题就是美貌。如果建立一个从古至今的热门话题榜，我相信关于女性外表的讨论一定会高居榜单。有一具好看的皮囊的确是先天优势（当然，也有可能是祸事），很多研究已经证明，好看的人带来的首因效应和光环效应会成倍增长。所以，聪明的女人都知道要好好爱惜和打理自己的外表，维持青春和美丽。但美丽从来都不是年轻人的专属。你相信吗？一个女人到了 60 岁、70 岁同样可以明艳动人。

## ♀ 永葆美丽的公式：美丽＝努力＋自律＋敢"秀"

　　有这样一个女人，在 63 岁时登上了《纽约周刊》杂志的封面。63 岁的她全裸，托着 9 个月的孕肚看向前方，标题是《她做这个会不会太老了呢？》。封面文章的内容是关于中年女性生育的探讨并分享这位大胆的模特在健康和营养学方面的研究成果。

　　没错，她不仅仅是高龄模特，还是唯一一个在三国注册考试认证的营养师。她在 2006 年美国营养协会年会上获得"年度杰出营养企业家"奖。现在的她已经年近古稀，依旧是美国很多知名杂志封面的座上嘉宾，而她也从不刻意掩饰自己脸上的皱纹，但没有人会否认她的美丽与魅力。

　　这个女人就是梅耶·马斯克，身为单亲妈妈的她培养了 3 个非常出色的孩子：小儿子专攻生态健康食品行业，在全世界有多家连锁家庭厨房；女儿是好莱坞知名的电影制作人；而她的大儿子就是科技狂人、特斯拉

CEO、被称为"钢铁侠"的埃隆·马斯克。

梅耶从小就是个美人胚子，但能在 60 多岁还成为超模的人绝对不仅仅只有美貌。比梅耶美貌更动人的是她的内在。埃隆·马斯克在采访中曾说过："我的特立独行和成功很大一部分都源于母亲，母亲教会我坚持自己所热爱的事物，生命就不会被浪费。"

梅耶 1948 年在加拿大出生，在南非长大，酷爱科学和阅读，每周 2 次的图书馆阅读是她的必修课。15 岁的她就接拍了人生第一支广告，后来参加南非当地的选美比赛，发掘了自己当模特的天分。不过她并没有走成为明星然后嫁入豪门这样的"选美小姐"路线，而是在 21 岁时嫁给了工程师埃罗尔·马斯克并生了 3 个孩子。带着 3 个孩子，继续模特事业的同时，她还在孕期完成了营养学的硕士课程。

因为无法忍受丈夫的大男子主义，梅耶在结婚 10 年后便离婚了。梅耶带着 3 个孩子前往加拿大重新开始生活。他们一家 4 口在多伦多找到了一间廉租房，近 40 岁的梅耶在多伦多大学继续自己的营养师研究工作，同时她还要进修课程，把南非的学历转成加拿大认可的证书。为了补贴家用，她也一直兼职做模特，在最困难时为了让 3 个孩子完成大学学业她同时打过 5 份工。最终梅耶获得了加拿大认可的学位证书，在加拿大继续自己作为营养师的工作，也把孩子们都培养成才。

后来儿子开始创业，为了陪伴孩子梅耶卖掉了多伦多的营养师诊所，搬到了加州旧金山从零开始。她从打工开始学习美国的计量制、营养学会的规则，调整她的商业模式。那时的梅耶已年近50岁，却没有一刻停下自己努力的脚步。即便在马斯克取得巨大成就成为亿万富豪后，她也没有放弃自己的事业。

一直努力的人会有一种韧性，而这种韧性支撑着他们的美丽，不受时间的打扰。

除了努力之外，梅耶的自律也是她成功的关键。她的自律从她70岁保持着还纤细的体型、优雅的体态就能看出。

凯利·麦格尼格尔教授（Kelly McGonigal, Ph.D.）是斯坦福大学备受赞誉的心理学家，也是医学健康促进项目的健康教育家。她畅销全球的《自控力》一书中说道："集中注意力、拒绝诱惑、控制冲动、克服拖延是非常普遍的人性挑战。"大脑出于自我保护的天性，常常屏蔽掉这些问题，但强大自律的人往往会通过磨炼意志，持续战胜这些弱点，最终取得成功。

人类的行为举止几乎都是受身体的某些组织或激素

控制，自律（自控力）是受人类大脑的前额皮质控制。人类对内外的刺激都会做出不同的反应，当外在遇到危险时身体会分泌肾上腺素让我们快速躲避；而面对内在的冲动时，身体也会做出相应的反应，而意志力就是大脑前额皮质对冲动的抑制。

耶鲁大学历史系学士、哈佛大学企业管理硕士、《纽约时报》商业调查记者查尔斯·都希格在他的著作《习惯的力量》这本书里阐述，人在自律之后，大脑发生变化、形成习惯，而习惯能够让大脑寻找省力的方式得到更多休息。

这也是为什么现在很多人说的，自律的人才拥有真正的自由，才有更大可能获得成功，因为他们的大脑工作效率和效果都更强。

以前我会以为，对女性来说，想拥有美丽（不仅指容貌）只要努力＋自律就可以实现，但来美国后，美国的女性教会我还要具备第三个条件——敢"秀"。敢于"秀"出来不仅会加快我们美丽的速度，更能够为我们的美增添色彩。

美国艺术家、印刷家、电影摄影师，同时也是视觉艺术运动波普艺术的开创者之一安迪·沃霍尔有一个非常著名的"成名15分钟"理论，即"In the future,

everybody will be world famous for 15 minutes."。
（未来，每个人都可以成名 15 分钟。）这句话很鼓舞人心，但它隐藏了很多成名的必备要素：有真才实学、运气……其中，我认为必不可少的一项要素就是想成名、得敢"秀"。

狄更斯在《双城记》里说过："这是最好的时代，也是最坏的时代。"这句话放在今天也适用。我们这个时代的"糟糕"在于，越来越多的能人异士涌现出来，而社会对人才的要求也越来越高；同样，这个时代也有它无可匹敌的优势，科技与媒体的发展、对精神追求的多样性使得在这个时代想出名也变得不像过去那么难。只要你有点一技之长，经过媒体的渲染和扩大，就能让你拥有自己的粉丝，成为名人。但几乎所有名人都得承认一个事实：因为人才涌现、竞争激烈，现在早已不是酒香不怕巷子深的年代了。

想让自己的才华、魅力得以展现，就得学会自我展示。就像知名美籍华人励志作家陈愉在《30 岁趁势而为》这本书里写的，"在当今时代，要做一名成功的作家，不但要写得好，还要十八般武艺样样精通，其中最重要的技能就是放下身段，推销自己。"

在敢于秀出自己、推销自己这方面，美国人做得无比出色。在美国人看来，推销自己并不是一件难为情的事（在国内我们会觉得展示自己、向别人推销自己太露锋芒，毕竟"枪打出头鸟"嘛），反而，这是自我认识清晰、对自己充满自信、愿意向对方表达自我观点的大好机会。

我的朋友 EL 在美国一所很著名的商学院拿到硕士文凭后和无数毕业生一样面临着就业的难题。华尔街几乎是所有商学院学生的必争之地，但 EL 作为一名中国学生，论语言、文化、人脉、背景各方面几乎没有任何优势，就连她那个顶尖商学院的文凭在众多想进入华尔街的准精英人群里都显得平平常常。

3 个月后，我接到 EL 的邮件，她被美国一家著名的风投公司录取了！恭喜之余，我问她怎么做到的。原来 EL 走了一条不寻常的求职路。

她找来电话黄页，圈出美国东部几所发达城市金融行业公司的电话和邮箱，然后给这些公司一家家打电话、发邮件推荐自己，希望能拿到一个面试名额。EL 的最高纪录是一周发了 80 封邮件，每一封都针对公司写得很个性化而并非按一下 Enter 就行了的群发。在这 80 封邮件里，有 10 家公司表示可以见面聊聊，这 10 家公司里有两家在面试完后给了她录用通知，希望她能加入。

EL 问对方为什么选择录用她，其中一家公司的回复是："除了背景符合、成绩优秀外，你是第一个主动敲开我们公司大门的中国学生，这份勇气和自信我们很欣赏。"

其实细想一下，努力、自律和敢"秀"三者是相辅相成的。我们因为努力和自律使得自己变得更加美好，然后通过"秀"来展现自己的美好，得到更多人的赞赏、认可和好的反馈，而这些都会变成自信，让我们更愿意去努力、自律，从而打造更美丽、更优秀的自己。

## ♀ 美人可以老，但不能没有用

我在美国这两年，发现这里的老年人很少有那种真正衰老的感觉，即使他们满头白发、步履蹒跚甚至走路需要助行器，但他们的眼睛里总是有光。在美国，很多人到了 70 岁还在工作，倒不是非工作不可（美国政府、各种机构对自己公民提供的各种福利和补助完全可以使一个没有工作的人生活得挺舒服，更何况那些已经工作多年的人还有退休工资），他们只是不想让自己的大脑比身体更衰弱。而这种做法背后的思想是，希望能有更长的时间去创造自我价值。

我在一家慈善机构资助的咖啡馆做志愿者时认识了Mary。她 60 岁从中学退休后继续在私立辅导机构担任补习老师，同时还身兼三所慈善机构的志愿者，每一天都安排得满满当当。Mary 的丈夫是大学教授，两个儿子也都成家立业，以她家的经济条件即便退休后不工作也可以过得很好，但 Mary 就是享受那种服务于他人、被需要的感觉。

还有，去年我生病在美国的医院住了几天，其中有一个护士 Kate 给我留下了深刻的印象。她已经 60 岁了，一周还会在医院工作 3—4 天。Kate 一头银白色的短发，鼻梁上架一副金丝边的眼镜，一身朱红色的护士服没有一点褶皱，脸上永远带着那种"你马上就要康复啦"的真切又鼓舞人的笑容。

说实话，Kate 第一次对我自我介绍时我是有些担心的：60 岁的年纪还做护士，而且还是夜班，更何况美国的护士做的是护士＋护工的工作，不像国内的护士到点给你拿药、测体温、换点滴，除了要做这些，美国的护士还要帮你擦身，倒尿袋，搀扶你洗澡、上厕所，工作量很大，所以我认为以 Kate 的年纪一定是承受不住这种工作强度的。

事实证明我想多了。医院既然能雇用 Kate 工作就说明她确实具备工作的能力，而且 Kate 的工作能力非常出色，从体力、态度到技术甚至超过许多年轻的护士。抽血时她会像哄孩子一样安慰你，"我的技术会让你一点疼的感觉都没有"；输液无聊时她会和我讲我不太懂但她笑到不行的美式笑话；听到我说话喉咙有痰，她倒来的水旁会主动放一小包蜂蜜帮助润嗓。和 Kate 相处会让人回忆起小时候和姥姥在一起的温暖时光。

　　像 Mary 和 Kate 这样的女性在美国不是少数，她们喜欢让自己在即使可以"停下来"的年纪依然不要停下来，让自己继续发光发热、创造价值。"创造价值"从广义上可以理解为为他人服务，让别人觉得你是被需要的，从狭义上来说最简单的创造价值的方法就是赚钱。

　　能够持续创造自我价值的女性不仅会让别人觉得特别生动，也能促使自己打理好精气神，不惧岁月无情流逝。

## ♀ 让生活美丽，就是让自己美丽

会生活，并不意味着你一定要很有钱或者不停地"买买买"。会生活意味着你能在自己的财务范围内让自己过得比较舒服。想要"舒服"需要满足两个条件：第一，知道自己需要什么；第二，能够让这种需要得到物有所值甚至物超所值的满足。

我有一位非常会打理自己生活的朋友，她不会斤斤计较委屈了自己，也不会走向另一个极端——用高档、奢侈的物品来填充自己和生活。那种"打理"是有分寸、很适宜的，她"打理"出来的生活在外人眼里看来非常舒服、妥帖。

比如，她非常喜欢拍照，照片里的她无论在什么时候的穿着都会让人觉得很清新、得体。那种得体不是单单在世界顶尖公司工作所养成的"精英范儿"（她确实在世界很知名的企业工作），并且透过她的穿着、举止、谈吐，你都能看出她把日子过得很从容。无论是爬山、吃饭、喝下午茶、去逛街，甚至是加班，她的穿着与当下的境地都非常契合。她非常喜欢烹饪,虽然都是做一些家常菜,但因为她的餐具让人觉得饭菜的质量都提升了一个档次。她用的餐具很高档吗?并没有,但绝对不是从超市买来的那种大众款餐盘,而是明显在某个很小众、有特色的店铺里找到的。

再比如,这个时代每个人都忙着给自己充电,学编程、学演讲、学写作,她也学东西,只不过学的是看上去"没什么用"的芳疗。因为自己爱不同的香味,所以她特意考了国际芳疗师来调制自己喜爱的味道。她的身上、衣物上总有与众不同的香气,不是迪奥、香奈儿那种昂贵的味道,而是她自制的花香、果香精油搭配在一起让人难忘、耳目一新的独特香味。

会生活是一种非常重要的能力,表面上看这似乎需要有钱打底,但实际上生活成什么样,反映的是你究竟是什么样的人。并非有钱就能让自己开心,或者说一直开心。有研究证实金钱的增加(比如涨薪、中彩票、做生意赚了一笔钱等)给人带来的快乐只能维持3个月,在这3个月内你可以"钱"尽其用,享受一切自己梦寐以求的东西,但3个月后呢?你是否还有能力来用金钱讨好自己?

生活是一件长久的事,你是否能长久愉悦自己体现了你的智慧。我们不是常说"女人，要对自己好一些"吗？其实，会生活就是对自己好的一部分，也是活出"高级感"的一部分。

什么叫会生活呢？在我看来舒服、妥帖是最重要的。而舒服、妥帖的生活真的不是只有昂贵这一条路可以选，有时你只需要简单地移动一下家具的位置，买个玻璃碗里面装满柠檬然后把它放在餐桌上都可以即刻改变你对生活的看法和感觉。

我曾经做过下面这些小事，让自己对生活迅速充满了幸福感。

· 为自己建一堵"维生素 C 墙"

我第一次独居是在厦门。被公司外派，从深圳到上海，后来又辗转到厦门。来厦门之前，在公司指定的宾馆里住了将近 1 年，因为再也受不了总是带着拒人于千里之外味道的宾馆，所以来厦门后的第一件事就是提出申请找房子住。

我找到一幢新建不久的公寓，整个房间约 20 平方米，墙壁雪白，地砖锃亮。一张床、一个简易的布衣柜和一张小电脑桌。因为是新房，所以我打扫得也比较勤，即便厦门是一座很干净的城市，基本隔一天我就会抹抹桌子、跪着擦擦地。刚好我去的时节正逢初夏，回到家光着脚走在浅粉色的地砖上，脚底的凉爽能流进心里。

就在这样一间朴实无华的屋子里，我给自己找了一个角落——床对面那堵雪白的墙。

那时候我正在迷《老友记》这部美剧，看得沉迷其中，无法自拔。里面有一些传神的单词或者搞笑的句子我会顺手写在本子上。其实这算不上做笔记，只是习惯了手中有笔、旁边有纸。有一天，我扭头盯着旁边赤裸裸的墙壁，觉得它空洞得与这个房间格格不入。床上铺着我喜爱的床单，衣柜里有我喜欢的衣服，书桌上躺着我爱看的书，可这堵墙有什么呢？

我到文具店买了一堆便利贴和窄边的透明胶带，把之前记录的单词和句子都誊写在便签上，然后一张张贴在墙上，在不损坏墙壁的前提下"装点"了它，而且还能顺便记两个单词。

厦门是一座让人回忆起来就能感受到阳光和清风的城市。我在鼓浪屿上看过雀跃的海浪，在厦大听过南普陀寺的钟声，在环岛路上仰望过蓝天白云间的海鸥。但至今我想起厦门，脑海中最明亮的地方是我在那间房里贴的200张便签。上面的单词或句子能让我幻想距离千万里之外的一个国家，那里有3对男女，他们同我一样，在日复一日地安排着自己的生活，他们被生活惹恼、逗乐、感动，经历相聚和团圆。

因为平凡，因为温暖，每张便签就像一颗维生素 C，会让你为生活拼命时不小心留下的伤口愈合得更快。

你的"维生素 C 墙"可以不必是单词，而是让你满意的、有意义的照片墙，或者把你喜欢收集的物品展示在墙上（我有个朋友喜欢收集各种瓶盖）。总之，那堵墙能让你一眼看上去就温暖到内心深处。

### ·百种芳香不及一本书香

在一套房子里拥有一间书房，不一定很大，但有自己割舍不了的藏书；有一张善待自己身体的座椅；有一盏能长久阅读也不觉疲倦的灯，这是很多人的愿望，当然也包括我。

在上海有了自己的家之后，我很喜欢家里的一个地方就是那间 14 平方米的书房。不大，摆得下我和管管的两张书桌。两张桌子背对着背，他的书桌旁是一个 1 米高的三层小书架，里面摆满了他的各类工具书；我的书桌靠着一个四层 2 米高的黑色书架，第一层古典读物，第二层现当代读物，第三层外国名著，第四层各类杂志和笔记，书不算多，但都是自己喜欢的。伸手就能够着阅读品味一番。每晚，我们在自己的书桌前各自阅读，同一个空间下的两个世界，有交集又不打扰。

但我更爱客厅里那个不到 1 平米的小角落。对于爱书的人来说，书固然是最重要的，但找到一个自己喜欢的读书的姿势和地方，也是一项隆重的仪式。一盏落地灯，一张单人沙发，一个舒服的靠垫，它可以是爱书人的天堂。

卡尔维诺[①]说，看书时，"你先要找个舒适的姿势：坐着、仰着、蜷着或者躺着；仰卧、侧卧或者俯卧；坐在小沙发上或是躺在长沙发上，坐在摇椅上，或者仰在躺椅上、睡椅上；躺在吊床上，如果你有张吊床的话；或者躺在床上，当然也可躺在被窝里；你还可以头朝下拿大顶，像练瑜伽功，当然，书也得倒过来拿着。"不过，我想他最常用的姿势一定是把脚抬起来，否则也不会说，"要从阅读中得到欢乐，首要的条件就是把两只脚抬起来。"

虽然与卡尔维诺不太一样的是我更喜欢把双腿蜷在或盘在沙发上，但从阅读中得到的乐趣我想是一样的。多少个睡不着的深夜，多少次周末的早醒，身上一张薄毯，

---

① 伊塔洛·卡尔维诺（Italo Calvino），意大利著名作家，代表作《树上的男爵》《看不见的城市》等。

手边一杯毛峰，萨特、毛姆、伍尔夫、村上龙、林语堂、章诒和……他们从橘色的灯光中向我走来，然后又逐一离去。

短暂陪伴，不会停留，却念念不忘。这就是书在这个角落带给我的享受。我想，这世上没有一种比读书时偷来的宁静更让人心安，没有一种味道比俯首轻嗅时抢夺到的书香更沁人心脾。

其实只要你有想改变居住环境的意愿，不费钱、不费力的方式有很多种。

比如，给自己换一盏暖色的台灯，辛苦一天孤身一人到家，至少在开灯的一瞬间让自己体验几秒温暖；比如，在自己的电脑桌上放一个笔筒，里面尽可能摆满自己喜欢的笔或颜色不同的笔，就算不常用，看起来也赏心悦目；再比如，为你的窗台添点颜色，不要总是生锈的铁色，或掉了皮的石灰水泥，几盆绿植就可以让窗台活过来，让房间充满活力。

还有一个小窍门，既方便也很实用，那就是为自己挑选一个舒服又养眼的靠垫，哪怕你没有沙发，只是坐在凳子上抱着它，也会有一种把心爱之物拥入怀中的踏实感。

如何做到对自己的生活抱有好感且不需要过多的金

钱打底?

1. 经常用的小物品要买好一些的，比如杯子、笔、便当盒、护手霜、床单、被褥、落地灯。因为经常使用，你放在眼前、拿在手里、用在身上时好质感会让你的心情也更好。

2. 偶尔买一些会让自己耳目一新的东西。比如买几束鲜花放在桌子上，给洗手间挂一幅装饰画，买一瓶自己喜欢味道的香水。

上面这些事情不用花太多钱却能收获很多很多的满足感和幸福感，何乐而不为呢？

## ♀ 你要会存钱，但也要会享受

取悦自己、过好生活、享受满足感是女人的使命之一，但存钱也是我们的使命之一。毕竟买房子、孩子的学费、医疗费哪样能离开钞票呢？我们不能绕开这个话题。

现在有很多书和文章教大家如何存钱。我见过"三三制"存钱法则的。大意是：把全部的资金分成三份，三分之一用于活期备用款，三分之一用于定期存款，另外三分之一用来理财投资。一般来说，个人储备流动资金保持在5万元即可，当第一笔存的流动储备金不到5万时，就可以将投资所得的总额再分出三分之一存入流动储备金，存到5万为止。如此下来，既能确保应对不时之需，又能保证自己的财富在增加中（虽然进度可能比较缓慢）

除了"三三制"存钱法则，还有专业人士建议我们把每个月的工资一定要分成5份：生活费、人际打理费、学习充电费、奖励费（比如孝敬老人的费用，给自己时不时来一次鼓励）、投资。

无论是"三三制"还是"五分法"，我觉得可以因人而异。把钱分成几类、怎么用、占比多少很多时候需要因时、因地、因事、因人而异。如果你怕麻烦，当然不用分类去计算开销，但不妨试着做两件事：

第一，给自己划定一个存钱的区间。比如，每个月存 500—1000 元。这个区间遵守的原则是不要轻易降低金额，也不要为了存钱而委屈了自己。尽量记录自己的每一笔开销，实验两三个月后再看看区间是否需要调整。

第二，开一个新的账户，把每个月存下来的钱放进新账户里。看着自己"私藏"的小金库日积月累丰硕起来绝对是一件挺有成就感的事。

在我看来，存钱这个行为有着超乎"存钱"本身的意义。这个举动可以培养我们坚持的习惯。试想一下如果连存钱如此艰难的事都办到了还有什么是自己坚持不下来的（这个举动很有可能催生出来的副产品是让你长久以来的减肥愿望也实现了）？此外，存钱也是一种收敛欲望的方式。欲望收敛成功的标志之一就是当我们面对金钱、情感等时，能够保有一颗热情又克制的心。

但会存钱绝不代表女人们要委屈自己，我们要做的是如何在存钱和偶尔的奢侈之间找到一个绝佳的平衡点。

我们的大脑有两种很神奇的物质：多巴胺和内啡肽。

多巴胺是一种神经传导物质，这种分泌物主要负责大脑的情欲和感觉，传递兴奋和开心的信息。内腓肽是从垂体中分离出的一种特殊的物质，它能够产生兴奋和欣快感，人的一切生理活动产生的欣快感都是由它的释放而获取。

在内啡肽的激发下，人的身心处于轻松愉悦的状态，免疫系统实力得以强化，并且有助于顺利入梦，消除失眠症。所以内腓肽也被称之为"快感激素"或者"年轻激素"，这意味着这种激素可以帮助人保持年轻快乐的状态。而多巴胺是大脑的"奖赏中心"。适量的多巴胺会让人产生旺盛的精力、兴奋感、专注力和赢取奖赏的动力。

对女性来说，"偶尔的奢侈"就是适时激活大脑中的多巴胺和内啡肽，让人生更加舒适、愉悦。

"偶尔的奢侈"可以是用金钱来丈量的那种奢侈，比如，吃一顿昂贵大餐，买一款自己垂涎已久的包包；也可以是非物质的。

伊莲是我在美国认识的唯一一位法国朋友，15年前，她因为爱情来到波士顿嫁给了美国人杰克。杰克是波士顿一家大公司的工程师，伊莲婚后做了全职主妇。他们生了3个男孩，伊莲在家的日子并不好过，经常要制止老大和老二打架，刚结束又忙着收拾老三撒了一地的面粉。

相比较于周末把安迪从日托所接回来在家两天都会崩溃一下的我，伊莲十几年来几乎没有失控或崩溃过。她身上永远有法国女人那种得体、优雅和从容。我问伊莲："照顾 3 个小男孩，你怎么可能不崩溃？怎么可能还维持优雅和得体？"

伊莲说："全职主妇对我来说是一份工作，是工作就有上班和下班。周一到周五我照顾孩子们，打理家务，是上班。到了周末，我就下班了，杰克要接手 3 个孩子，而我有一整天属于自己的时间。我可以去会友，去喝咖啡，去购物，甚至和朋友们去酒吧喝两杯，这一天就是我一周里'偶尔的奢侈'，雷打不动。"

如果说，活得好是我们每个人一生的大目标，那我们得学会把这些大目标拆分成非常细小的目标，每实现一个就要适时奖励一下自己，让自己缓一缓，好有更多的力量和勇气闯完接下来的难关。

偶尔享受奢侈的要点在于：一定去做你想做的事情，而且心无旁骛。

第八章

☿～～～～～～～～～☿

## 这些女人，让世界为之一颤

　　写这本书时，我脑海中一直在想的一个问题是：有高级感的女性究竟什么样？高冷？走路带风？说话语速极快？做事果敢、拼命……我当然知道她们外形各异，但总有一些共同之处可供我们学习、效仿吧。也就是说，我想将"高级感"中那些重要的成分萃取出来。所以，我开始往回看，从自己偶像的身上寻找答案。

　　这一章我写了 4 位自己喜欢的女性，确切地说应该是敬佩的女性。说实话，如果和这样的女性在现实生活中共事、共处，你未必会觉得百分之百的舒服，但正是她们的"不舒服"才改变了世界。她们或是自己领域里令人敬仰和学习的对象，又或者用自己的智慧和情感成就了一个伟大的丈夫和一个和睦的家庭。

　　我的这 4 位偶像在自己的领域中都做出了杰出的贡献，并且获得了普罗大众的敬仰或赏识。她们无疑是有"高级感"的女性，但她们的"高级感"中所含有的"成分"又各有千秋。

## ♀ 弗罗伦斯·南丁格尔：敢和死神比赛的女人

我的美国朋友凯西是一名注册护士，我参加过两次她的生日聚会，每次在许愿后她都会说一段独白：

"余谨以至诚，于上帝及会众面前宣誓：

终身纯洁，忠贞职守。

勿为有损之事，

勿取服或故用有害之药。

尽力提高护理之标准，

慎守病人家务及秘密。

竭诚协助医生之诊治，

务谋病者之福利。

谨慎！"

一开始我还以为这是她的祷告词，后来才知道这是南丁格尔誓词。南丁格尔是凯西最崇拜的女性，她很荣幸自己生于 5 月 12 日，与南丁格尔同月同日生。而这一天也是国际护士节，凯西在自己的生日上用诵南丁格尔誓词的方式来纪念她的偶像，当初她选择成为一名护士也是因为受到南丁格尔的影响。

南丁格尔很拼，也确实在自己的一亩三分地做出了重要贡献，但这不是她最显高级的地方。她的出身和周遭环境都告诉她：你不需要走如此艰难的一条路。出生于富豪之家，以后做个有闲有钱的富太太不好吗？何必主动在枪林弹雨中"讨生活"？何必为了自己的工作终身未嫁？

可她偏偏选择了往相反的方向走。

在医学界、护理界，弗罗伦斯·南丁格尔应该是最受尊重的女性了。她来自英国上流社会的一个家庭，于 1820 年 5 月 12 日出生，当时父母正在欧洲旅行。南丁格尔的父亲毕业于剑桥大学，精通英语、希腊语、法语、拉丁语和德语等多国语言；母亲的家族也不简单，南丁格尔的外祖父是废奴主义者威尔·史密斯。南丁格尔的父亲不放心学校的教学质量，所以让自己的孩子在家接受语言、艺术、数学等通识教育，南丁格尔勤奋好学，在数学方面很有才华。

像南丁格尔这样过着十分优渥的上流社会生活的富

家女，随时都有人服侍，活在舞会、沙龙，以及与贵族追求者们周旋之中。像她这样的出身，多数人会找个门当户对的丈夫嫁人、生儿育女，继续贵族们之间的社交，然后终此一生。多少人羡慕这种衣食无忧、安逸平静的生活，但南丁格尔的内心却一直感到十分空虚，觉得自己的生命毫无意义。

她在童年时就喜欢和身边的小猫、小狗、小鸟们玩耍，并乐于照看它们。她常对庄园里发现的受伤的小动物伸出援手，还在废弃的花房里建了一个小医院用来治疗它们。十几岁时，她开始关注公共卫生，参观当地医院，并阅读了很多相关书籍和政府文件，这些经历为她以后走上护理这条路埋下了种子。

1844年，南丁格尔宣布她将入行护士一职，此举令她的家人，尤其是她的母亲极为震惊、愤怒和悲痛。她的父母一直希望她能成为一位显赫的贵妇人，可偏偏事与愿违。在那个时代，护士是很没有地位的工作，大概与仆人、厨师之流差不多，是只有贫苦低下阶层的女人为了谋生才肯做的污秽工作；而且当时战争频发，护士更需要随军奔赴战场，不但辛苦而且十分危险。

1851年南丁格尔不顾全家反对，到德国西泽斯韦特以女执事的身份首次接受护理培训，为期4个月。在德国学习护理后，她曾在伦敦的医院工作，于 1853 年成为伦敦慈善医院的护士长。这一年克里米亚战争爆发，英国、法国、奥斯曼帝国与沙皇俄国在克里米亚交战，战争中英军救护条件很差，伤员死亡率极高。1854 年，南丁格尔不顾安危率领 38 名护士亲赴前线进行救护。

在克里米亚战地医院里，南丁格尔做出了巨大的贡献，使英军士兵的死亡率从 42% 迅速下降至 2%，震撼全国。

当时用品缺乏，水源不足，卫生条件极差。她分析过堆积如山的军事档案，指出在克里米亚战役中，英军死亡的原因是在战场外感染疾病，及在战场上受伤后缺乏恰当护理而伤重致死，真正死在战场上的人反而不多。在得知这一事实后，她夜以继日地工作，改革不合理制度，改建医院设施，使士兵们得到温暖、舒适、清洁、卫生的休养环境和营养充足的饮食。

南丁格尔有一个很有名的称呼：提灯女神。夜幕降临时，她提着一盏小小的灯，沿着崎岖的小路，到 7 英里之遥的营区里，逐床查看伤病员。士兵们亲切地称她为"提灯女士""克里米亚的天使"。伤病员写道："灯光摇曳着飘过来了，寒夜似乎也充满了温暖 …… 我们几百个伤员躺在那里，当她来临时，我们挣扎着亲吻她那浮动在墙壁上的修长身影，然后再满足地躺回枕头上。"这就是所谓的"壁影之吻"。因此，"举灯护士"和"护士大学生燃烛戴帽仪式"，也成为南丁格尔纪念邮票和护士专题邮票的常用题材。

战争结束，南丁格尔避开政府隆重的迎接仪式，化名后悄悄返回英国的家里。她说："我不要奉承，只要人民理解我。"

救助病患、降低死亡率是南丁格尔事业上的一大成就，她的另一巨大成就是将护理变成一门规范的学科。

1860 年，南丁格尔用公众捐助给她的 4 千多英镑，在伦敦的圣·托马斯医院创建了世界上第一个正规的护士学校（世界上第一个非修道院形式的护士学校），现在是伦敦国王学院的一部分。此后南丁格尔又创办了许多护士培训班，她也因此被人们称为现代护理教育的奠基人。她在工作过程中写下的《护士札记》和《医院札记》等著作，为后来的医护人员提供了宝贵的经验。

南丁格尔在小时候的学习中就显现出了高超的数学天分，这使她成为视觉表现和统计图形的先驱。她发展出极坐标图饼图的形式，或称为南丁格尔玫瑰图，相当于现代圆形直方图，当时在战地医院她就是使用这样的统计图形报告病人的死亡率在不同季节的变化。她使用极坐标图饼图，向不会阅读统计报告的国会议员报告克里米亚战争的医疗条件，从而为战地医院争取到了诸多改善条件的机会。

1859 年，南丁格尔被选为英国皇家统计学会的第一位女性成员，后来成为美国统计协会的名誉会员。

上流社会的女人选择成为在当时看来是"低贱"职业的护士已经够叛逆了，南丁格尔还做出了一件更离经叛道的事——即便在今天看来也是——终生未婚。

南丁格尔不乏追求者。在一次宴会上，她结识了年轻的慈善家理查德，理查德对她一见钟情，两人一起谈诗作画，愉快地交往，她也曾把理查德称为"我所崇拜的人"。

理查德对南丁格尔相当有耐心，他认识她时已经32岁了，在等待了漫长的 7 年之后，理查德终于下了"最后通牒"：请她明智地选择一下，同不同意嫁给他这个快要老了的男人？身为年轻女子，南丁格尔当然渴望有个不错的男人心疼自己。但她还是拒绝了，尽管拒绝得相当艰难。她曾在笔记本上写下一段心绪矛盾的记述：理查德可以满足自己精神与感情方面的需求，却不会满足她在道德与人生意义上的追求，而"我决不允许自己同他一起沉湎于社交活动，在家务琐事中虚度我的一生"。

可以说南丁格尔把自己的一生都献给了医护事业，她曾在一封信中谈到自己对婚姻的看法："普遍的偏见是，归根结底，一个人必须结婚，这是必然的归宿。不过，我始终觉得，婚姻并不是唯一的。一个人完全可以从她的事业中获得充实和满足感，并找到更大的乐趣。"此后，她拒绝了所有的求婚者。

南丁格尔由于长久操劳，身体慢慢吃不消，以至于后来双目失明，最后在睡眠中与世长辞，享年90岁。

1975年英国发行的10元英镑背面就是南丁格尔的头像，而她的生日5月12日也成为国际护士节，大家以此来纪念这位上天派来与死神赛跑、拯救生命的天使。南丁格尔不仅使护理学成为一个学科，降低了战争时期的死亡率，她还使护士的社会地位和社会形象大大提升，给当时的女性树立了贤妻良母这一身份之外的另一种选择和榜样。

敢于不走寻常路，并且还获得成功，我想，南丁格尔就是一位当之无愧的高级女人了。"高级感"的成分很复杂，在南丁格尔的"高级感"中勇气位列第一！

## ♀ 海伦·艾美莉亚·托马斯：让美国总统们闻风丧胆的女人

有这样一个女人，肯尼迪总统曾如此评价她："如果她能够扔掉手中的纸和笔，会是个招人喜欢的姑娘。"里根总统说："你不仅是一个优秀的令人尊敬的职业记者，你还成了美国总统体制的重要组成部分。"奥巴马总统对她的形容是："她总是让总统们——包括我在内——疲于应对。"而克林顿总统直接以她的名义在白宫设立了一项奖，并将第一届成就奖颁予她。她就是被称为总统"折磨者"的白宫记者、新闻界第一夫人——海伦·艾美莉亚·托马斯（以下简称海伦）。

海伦一生历经 10 位美国总统，绝对让每一位在任的总统闻风丧胆。美国著名的《华盛顿邮报》曾这样评价托马斯："40 多年来，只要这个女人走近，总统们就会发抖。她有刀子似的舌头和利剑般的智慧。"2013 年，92 岁的海伦去世，美国所有的主流媒体都纷纷报道，美联社和福克斯新闻网推出一篇相当长的讣告，用了很多

---

＊1 英里 ≈ 1.7 千米

词来形容她，比如：勇往直前，把 10 位总统架在火上烤，斗牛犬，拓荒者。

海伦的"高级感"体现在她的刚硬上。这世上估计没多少女性喜欢让自己和"刚硬"这个词沾边，因为这个散发着金属味道的词对女性来说实在太不友好了。

可是，你能想象，如果这个世界的女性都是千篇一律的柔情似水、婀娜妩媚会有多无趣吗？海伦绝对不是这千人一面中的一分子，她靠自己的刚硬征服了整个行业，以及这个行业里所有的男性。

"刚硬"的背后是什么？我想是一种不屈不挠、不妥协的精神吧。正是因为有了这种精神，"高级感"才能长久地定格。而靠着这份"刚硬"，海伦的一生也创造了太多至今无人能及的纪录和荣誉：

她是美国全国新闻俱乐部首位女性官员；
她是合众国际社白宫办事处首位女性负责人；
她是华盛顿最具声望的新闻组织、一直由男记者统治的格里迪朗俱乐部首位女性成员；
她是白宫记者协会首位女成员和理事长；
她还是首位获得高级白宫记者职位的女性；

她是尼克松历史性访华中唯一同行的女记者；

还有一项无人能及，她做白宫记者一做就是半个世纪，是在记者岗位特别是在同一个岗位干得时间最长的记者。

海伦于 1920 年 8 月 4 日在美国肯塔基州出生，父母是黎巴嫩移民，家里有兄弟姐妹 9 人。几年后，他们一家举家迁往底特律，在那里他们靠父亲在社区经营的杂货店过活。海伦对新闻的热爱很早就体现了出来，高中时，海伦在校报工作，而后进入底特律的韦恩州立大学学习新闻专业。她的学费是靠着在大学图书馆当管理员和哥哥在加油站打工赚出来的。

大学毕业后海伦搬到了华盛顿，曾在老《华盛顿每日新闻报》当抄写员兼勤杂工。1945 年，现合众国际社的前身合众社雇佣她撰写广播稿，每天早上 5 点 30 分开始工作，周薪 24 美元。1945 年也是二战结束的时候，当时为了给回国的退伍军人腾出位置许多单身女记者被单位解雇。幸运的是，海伦留了下来，并于 1956 年加入了合众社的国家新闻报道团队，开始正式报道国家要闻。1960 年肯尼迪当选总统后，时年 40 岁的海伦进入合众社的白宫记者站，开始了她长达半个世纪的事业——白宫报道。

当时，报道白宫新闻的女记者非常少，白宫女记者们通常只能写写"第一家庭"的花边新闻，而且不允许参加白宫记者招待会，但海伦向肯尼迪总统抗议："如果我们不能参加，你也不应该参加。"她强硬地闯入了男人们的阵地，并被推举为白宫记者团的团长。

在人们以往的印象中，年过四旬的女性应该已经被岁月打磨成平和、睿智的模样。睿智，海伦有；平和，却从来不属于海伦，至少不属于工作时的她。

海伦时常让我想起美国很有名的一支硬摇滚乐队——"枪炮与玫瑰"。这个喜欢涂着红色唇膏和指甲油的女人，看上去就像玫瑰花，可她的发问和报道却像枪炮一样，时时轰炸当局者，令白宫的总统先生们坐立不安。

即使与她关系不错，还一同庆生的奥巴马总统，也没能逃脱海伦的发难："你打算什么时候将军队撤出阿富汗？为什么还在继续杀戮？真正的理由究竟是什么？请别拿布什那套来说事。"奥巴马被问得无言以对。

在海伦经历的10位总统中，被她"怼"的最厉害的要数小布什总统了。

2003 年，她曾告诉另一名记者，她正在做一篇"美国史上最差总统的报道"。这番话传到了严肃的小布什耳朵里，她被小布什政府"冷冻"，3 年内再未接到白宫新闻发布会的参会通知。3 年后，小布什总统还是解除了"禁令"，给了她一个提问的机会，86 岁的海伦抛出的第一个问题是："总统先生，你做出的入侵伊拉克的决定造成了数千美国人和伊拉克人死亡，给美国人和伊拉克人带来了一生的创伤。而你给出的每个理由，至少那些公开发表的理由，都被证实是捏造的。我想知道，为什么你如此热衷于战争？"

现场两人你一言我一语交锋不断，最后，小布什总统被问得无可奈何，只能用非常官方又煽情的方式来回应："我永远不会忘记自己对美国人民立下的誓言，那就是我们将尽一切力量来保卫我们的人民。"才结束了这场交战。

海伦曾在自传中写道："我断定我的血管里流淌着的是印刷机的油墨。"记者是她终生热爱的职业，而向统治者寻求真相则是她的天职。2006 年，在接受采访时，海伦说："我尊敬总统这个职位，但我从不膜拜他们。他们欠我们真相，如果不是我们可以不断地质疑他们，他们就可以，而且也会把自己当成国王或专制者。"

正是秉持着这一信念，海伦才成为她的同行们乃至"敌人"——美国总统公认的"大姐大"，奥巴马总统就曾说："海伦之所以能成为白宫记者团团长，并非因她任职时间之长，而是因她坚定的信念。即当我们能提出尖锐问题，并让领导者们做出解释时，我们的民主制度才能良好地运转。"

海伦不仅在工作上作风犀利、勇敢，在个人情感问题上也是不走寻常路。她的另一半既是她的同行也是她的竞争对手道格拉斯·康奈尔。美联社的白宫记者道格拉斯·康奈尔年长海伦 14 岁，1971 年康奈尔退休时，尼克松为他举行了一个欢送会。欢送会举行到一半，当时的第一夫人帕特·尼克松当众宣布了海伦和康奈尔订婚的消息，还调侃说："我终于比海伦先抢了个独家新闻。"当时，海伦 51 岁。她和康奈尔相伴了 11 年后，康奈尔病逝。即便丈夫去世，当时已经年过六旬的海伦依旧奋斗在岗位上，直至去世。

在美国新闻界有这样一种说法：白宫有两套不同的新闻规则，一套适用于普通记者，而另一套只适用于海伦·托马斯；美国白宫新闻发布厅只有一个座位刻上了记者的名字，就是第一排中央属于海伦的专属座位，在这几十年里，每次白宫新闻发布会的第一个或第二个问题，都由她来发问。这些无疑都是同行和掌权者在对这个女人表达敬重之情。

而这一切，她值得拥有。

## ♀ 英德拉·努伊：成为百事可乐 CEO 的印度女人

关于"高级感"的第三个成分，我想说的是放过自己。这是我读英德拉的故事得到的感悟。

百事可乐我们都很熟悉，现在应该没有人不知道这款碳酸饮料。可你知道吗，这个在世界 500 强排名 70 位、年收入约 4382 亿元人民币、业务覆盖全球 200 多个国家、拥有 26 万员工的美国公司掌门人却是一位土生土长、没有显赫家庭背景的印度女性。

她不仅仅是一个公司的 CEO，在全球商业领域她的地位都不容小觑。

2006 年，她被美国《财富》杂志评为"美国商界女强人 50 强"第一名，《华尔街日报》"全球最值得关注的 50 位商界女性"第二名。

2009 年 9 月，在《财富》杂志网络版"全球最有影响力的商界女强人 50 强"的评选中，她名列榜首。

2016 年，已经年过六旬的她在"全球 50 大最具影响力女性"榜单上位列第二。

她也是《财富》杂志评选的"25位世界最具影响力商界领袖"名单里唯一的一位女性。

她的排名超越了以"铁娘子"著称的Facebook的COO雪莉·桑德伯格、前雅虎CEO玛丽莎·梅耶尔等人。在几乎被黄头发、白皮肤"统治"的美国商界女高管中，她焦糖色的皮肤显得格外突出。

这个人就是百事可乐首位女CEO英德拉·努伊。

23年前，没有人会想到一位入职百事可乐的异国女员工会成为这个商业帝国的掌舵人。从1994年加入百事公司到2006年升任公司董事长及CEO，努伊告诉我们，女性想做自己是一件非常难的事，但绝对值得为之奋斗。

作为一名印度女性，这个世界没有给她们过多选择的机会。她们美丽、温顺，很多印度女孩终其一生的大事就是嫁人，然后好好服务于她的丈夫和孩子们。努伊的人生道路也该是如此。不过，她运气不错，生在了一个比较开明的知识分子家庭。

努伊的祖父是退休的法官，父亲是会计师，母亲是家庭主妇，整个家庭思想相对开明，但这种开明也是有限的。父母允许努伊接受高等教育，她在印度读完大学后，父母希望她应该和其他受过高等教育的印度女性一样，老老实实地待在印度，然后结婚生子。但工作不久的努伊却提出要去美国深造的要求。

父母觉得她"发疯了"，40 年前在印度很少有女性走出家庭，而在努伊的家乡根本就没有人像她这样远赴大洋彼岸求学、追求"美国梦"，这意味着她会失去结婚的机会，可能还会孤独终老。周围的朋友也都劝说她不要去美国，否则回来后没人愿意娶她，可努伊却说："那我就留在美国好了，我只要做我自己！"

于是在 1978 年，23 岁的努伊揣着耶鲁大学 MBA 的录取通知书和奖学金来到美国开始了人生的探险。

40 年过去了，她不仅成为全球著名公司的 CEO，还拥有了爱自己的丈夫和两个可爱的女儿。可在成功和幸福背后，作为一名异国女性，她走得颇为艰难。

这种艰难首先来自原生家庭的影响。在印度，男主外、女主内，男尊女卑的思想很正常，她开明的母亲都没能冲破这一束缚。

努伊曾在接受采访时讲了当她被告知成为百事集团 CEO 当天发生的一个故事。她回到家想把这个好消息分享给母亲，还没开口，母亲却说："去给我拿点牛奶来。"努伊说："我现在不给你拿牛奶，因为我要告诉你个好消息。"她的母亲说："那也要等你给我拿了牛奶再说。"努伊说："你也可以让我丈夫帮忙拿，为什么一定要等我？"努伊的母亲回复道："这些天他看起来很累。"

总之，最后还是努伊拿了牛奶。然后母亲才说："我从你的表情和举动知道你今天有好事情要宣布，但是我想告诉你的是，无论你在工作上取得多大的成就，请把自己的王冠留在车库里，然后以女儿、妻子和母亲的身份走进这个家。"

对于一个生长在印度的女性来说，无论你的事业多成功或高居怎样的职位，这些都只能排在家庭和丈夫之后。任何一个想要"做自己"的女性都免不了要在这些身份中切换，尽可能地去寻找平衡。而聪明的努伊并不想把自己塑造成一个几近完美、无往不利的女性。

她坦言："我们看上去都是体面、合格的父母，但如果你问我们的女儿，我却不知道她们会不会评价我是个好妈妈。"努伊说自己曾错过了女儿很多次的校园活动，"女性领导者无法拥有一切，所以很多事情，我们注定只能搞砸。"

除了原生家庭的影响外，作为百事集团首位印度裔女 CEO，她得够"狠"，才能赢得大家的认可和尊重。

现在大家熟悉的肯德基和必胜客原本也是百事集团的，努伊在 1997 年剥离了这些餐饮业务，使得餐饮和碳酸饮料分了家。努伊仔细研究了公司的产品组合，思考公司的定位是否适合20年后的发展。分析后，她发现餐馆并不适合百事公司，小食品和饮料反而比较适合百事公司。

所以，她顶着巨大的压力和质疑向管理层汇报了意见，大胆提出："我们百事公司应该甩掉这种苦苦经营的连锁餐厅业务！"管理层一片哗然，公司很多中高级管理层以及当时的CEO罗杰·恩里科都坚决反对。换作普通员工在遭到反对后多半也会就此作罢，但努伊并没有放弃，无论大小会议，努伊都一遍一遍不厌其烦地陈述自己的建议，说百事一定要壮士断腕，才能有新发展。

最后，公司管理层终于被说服，保留碳酸饮料以及休闲食品，把必胜客、肯德基以及塔可钟墨西哥餐厅这三家快餐连锁品牌从公司分离出去，成立一家独立的上市公司，这就是今天的百胜餐饮集团。而努伊也获得了这样的评价"你这个女人啊，就像一条咬着骨头的狗一样固执！"

努伊不仅在公司战略层面够狠，她对待自己也是毫不手软。

她是有名的工作狂，连圣诞节也不放过，吃住都在公司以便研究业务。甚至在凌晨4点员工还会收到她发的邮件。2015 年，努伊受邀在清华大学做演讲，她讲述了一件往事，这件事再次证明这个女人的狠劲儿。

在担任百事公司 CFO 期间，公司进行了一次 SAP 软件系统的升级，这项工程对运营至关重要，且耗资巨大。当项目拨款方案放在她的办公桌上时，已经有 29 位高管都审批通过签了字。但努伊看过后产生了几处疑问，于是直接打电话给上一位签字的领导，那个人答不上来她的问题。努伊便问他："那你为什么签字？"这位高管坦言因为他相信在他之前签字的那个人一定知道问题的答案。于是，努伊又打电话给这位领导的上一个高管，结果一样，这位高管也答不上来。

最后努伊联系了当地的一名大学教授，请他寄来了一摞关于 IT 系统的教材。她在办公室里研究了几天几夜，了解了全部的细节并确信批准这项工程是正确的，她才放心地签下自己的名字。

英国作家塞缪尔·约翰逊曾说过："勇气是最伟大的美德，缺少勇气，其他品质都无从谈起。"

很明显努伊"狠劲儿"的背后是巨大的勇气在支撑她。

对努伊来说，原生家庭和跨国领导都不是最难的，因为可以从中做出选择或折中，最为艰难的是，"百事"这个品牌和她个人的健康观念有着巨大的冲突。

很多人对可乐又爱又恨。爱的是因为它真的很好喝，而且喝起来很有满足感；恨的是可乐的确对我们的健康有不良影响，肥胖、骨质疏松等，很多慢性病都和它有一定关系。所以，它才被冠以"垃圾食品"的称号。就连身为掌门人的努伊在接受采访时被问到"已经成年的女儿们可以喝可口可乐吗？"时，她都斩钉截铁地说："绝对，百分之百不行。而且她们也不会买可口可乐。她们的品位好极了。"

但她却硬是把百事品牌与健康联系在一起，为百事树立了非常良好的品牌形象。

她收购了纯果乐，并购了桂格麦片，这两样产品都以健康营养享誉美国。之后她降低了旗下乐事薯片的含盐量，使一袋乐事薯片比一片面包含盐量还要低。此外，她还富有远见地提出了"目的性绩效"这个经营方针，让百事集团广泛参与到包括水、能源和包装在内的环保事业中。

这些富有远见的"大手笔"使得在努伊成为 CEO 后的 3 年里，百事集团的销售收入上涨了 17%，运营利润上涨了 17 亿美元，股价翻倍。

当年还在印度上学的努伊曾说过："如果没有拿到满分，就等于不及格。"加入百事集团后，她也看到了即便是在发达的美国，女性职位升迁的"玻璃天花板"依旧存在，于是努伊说："我相信确实存在着一个玻璃天花板，但是它既透明又脆弱，所以我们可以打破它。"后来，成为 CEO 后，她被问过最多的问题之一便是"你是如何成为百事集团 CEO 的？"努伊回答："我甚至都不能想象我有哪一天夜里能睡得很沉，因为我一直在思考。"

从 23 岁那个没有靠山、走出印度差点嫁不出去的女生，到成为"全球最有影响力的商界女强人"，努伊经典的励志传奇告诉所有女性，我们可以做自己，可以成为更好的自己，这一路当然艰难万分，但值得为之拼搏。

未经历过的人，无法想象这个生长于印度普通家庭的女孩，要突破多少险阻才能在美国这个发达又务实的国家掌管一家全球顶级公司，这背后无疑有着勇敢、刚强、执着、智慧……所有这些优秀的品质。

但她身上最让我动容的不是把自己武装或伪装成完美的样子，而是能够坦言自己对家庭的力不从心，然后学会坦然接受，并放过自己。

有"高级感"的女性不等于是个完美女性，能够正视自己的"瑕疵"，才能逐渐使自己趋于完美。

## ♀ 劳伦·鲍威尔·乔布斯：把一个"坏男人"变成成功人士的女人

过去，我对活出高级感的"狠"女人一直有一种错误的观念，即她们得有自己的事业且事业相当成功。在我组建了自己的家庭、踏入婚姻这个总是被妖魔化的阵地后，我才明白，能够成全一个美好的家庭，成就自己的另一半和孩子，对于女性来说，也是一份成功的事业，而它的难度绝不亚于你赚取了百万年薪或成为高层管理人员。

婚姻和家庭是一面镜子，它能照射出女人的美好，也能变成照妖镜，让我们看到自己或他人的可恶之处。每次当我走到婚姻这面镜子前审视自己时，脑海中总会浮现出一个女人的身影。她成就了一个伟大的男人，更为艰难的是，这个她成就的男人一开始可不是什么"好"男人，而最终，这个男人却让整个世界为之敬仰。这个伟大的男人，包括他身边的同事、朋友，没有不敬佩这个女人的，这个女人就是史蒂夫·乔布斯的遗孀——劳伦·鲍威尔·乔布斯。

没有乔布斯，知道劳伦·鲍威尔的人也许不多，但也可以反过来问一句：没有劳伦·鲍威尔，会有当今的乔布斯吗？

乔布斯无疑是伟大的，但他从曾经的"渣男"到被全球人膜拜，必定经历过无数"改造"，这其中劳伦有着巨大贡献。

年轻时的乔布斯究竟有多坏？

他曾对自己的某一任女友一直说："我看到有条裙子特别好看，非常适合你，穿上它你会更美丽动人。"然后开车带她去商场里试裙子，看到穿着裙子明艳动人的女友走出试衣间后，乔布斯说了一句："亲爱的，穿着它你实在是太漂亮了，你应该买下这条裙子。"目瞪口呆的女友无奈地说："太贵了，我买不起。"乔布斯哦了一声，没说什么，手上提着在她试裙子的途中他给自己买的一堆衬衫，带着女友默默离开了商场。

乔布斯的丰功伟绩无须多言，但在感情的世界里，他简直就是不折不扣的坏男人和控制狂。

上面的故事发生在他的前女友之一民谣歌手贝兹身上，过分的事可不止这一件。

乔布斯拒绝承认在 23 岁时和同学克里斯·安未婚

先孕生出的女儿丽萨吧。虽然最终在几十年后父女相认，但当年即便血液测试显示"史蒂夫·乔布斯是父亲的可能性高达 94.1%"，乔布斯仍然声称全美国 28% 的男性人口都有可能是孩子的父亲。

更荒唐的是，乔布斯曾向后来成为妻子的劳伦求婚两次，却在每一次求婚成功后再无下文，而他不提结婚是因为他以为自己还在爱着另一个前女友（不是贝兹）。他给这个前女友送玫瑰花，并试图说服她回到自己身边和自己结婚。搞不懂自己想要什么也就算了，还拉着一堆交情不深的朋友反复询问："谁更漂亮？你们更喜欢谁？我应该跟谁结婚？"

乔布斯还热衷于控制他人。

他曾帮美国前总统奥巴马攒过一次饭局，座上嘉宾还有 Facebook 创始人马克·扎克伯格、前谷歌 CEO 埃里克·施密特等业界大佬。饭局上，乔布斯不但要求审查白宫准备的菜单，还亲自删除了其中的三道菜。并且以身体虚弱为由让饭店把空调的温度调到最高，差点没把扎克伯格热死。更过分的是，吃饭前，乔布斯致辞："无论我们的政治立场如何，今天大家聚在一起，就是为了听听国家需要我们帮忙做什么。"然后饭局主题就变成了他告诉奥巴马应该做什么、不应该做什么。我想，奥巴马先生内心应该在咆哮吧。

而在自己的婚礼上，乔布斯坚持所有参加婚礼的人必须乘坐统一的包车前来，也不管别人是否方便和愿意。总之，就是变着法子控制婚礼的各个方面。

很难想象这样一个男人（从两性角度来看），劳伦·鲍威尔·乔布斯经历过多少艰难才最终"降伏"他，并给了他幸福的婚姻和家庭。

很多人说劳伦是因为继承了乔布斯 167 亿美元的遗产，成为《福布斯》富豪榜上硅谷最富有的女人才被大家注意到的。但如果一个女人没有很强大的能力，她不会拥有这么多，无论是财产还是传奇人物乔布斯。媒体会用"乔布斯背后的女人"来形容劳伦，但一个男人能够成为传奇，他的妻子从来不会在他的背后，她只会与他并肩作战，而劳伦只是比较低调罢了。

在劳伦身上有很多标签，每一张都闪闪发光、耐人寻味。

· 标签一：高智商、高学历、强大背景

劳伦毕业于常春藤名校宾夕法尼亚大学，在成为苹果"第一夫人"前，她曾经在著名的美林和高盛金融企业工作。工作 3 年后，她进入斯坦福大学进修，取得了

MBA 学位，并被奥巴马指派为白宫顾问。

也是在斯坦福，她遇到了真命天子——让人一言难尽的乔"帮主"。

·标签二：女强人

1991 年嫁给乔布斯时，那时苹果对人们来说还只是一种水果，乔布斯也还没有成为"帮主"，他只是一个刚刚崭露头角的创业者。身为这类有天赋又野心勃勃的伴侣的妻子，很多人可能会选择在家相夫教子让另一半安心在外拼搏，必要时在媒体面前挽着丈夫的胳膊露露脸，展示出家庭和睦、夫妻恩爱的祥和景象便可。但劳伦不走寻常路，她是乔布斯的妻子、3 个孩子的母亲，更是实实在在关注民生问题的慈善家和投资家。

她成立了自然食品公司 Terravera，为食品和饲料行业开发豆类及谷物等有机农产品。

她创立的非营利性组织 College Track 已帮助 2000 多名孩子顺利进入大学。这些孩子大部分都是家里第一位读大学的人，劳伦帮他们改变自己甚至整个家族的命运。

她还是投资机构 Emerson Collective 公司的创始人、董事会主席，该机构主要从事教育、移民改革和社会问题的投资。劳伦为很多优秀的非法移民的孩子提供教育和社会资源，想尽一切办法让他们过上平等的生活。

除此之外她还在美国教育支持委员会、关爱支持女性基金、北加州公共广播组织、加州公立学校发展会等机构担任职务，帮助了无数人。

乔布斯用科技改变世界，而劳伦也在用自己的方式改变着世界和他人的命运。

劳伦曾在采访中说过："我母亲的遭遇告诉我永远要自立……我跟金钱的关系是，它是实现自立的一种工具，但它不会成为我这个人的一部分。"

### · 标签三："讨人喜欢的母老虎"

《史蒂夫·乔布斯传》的作者沃尔特·艾萨克森曾这样形容劳伦："在性格上，她是讨人喜欢的母老虎。"

我不知道"母老虎"如何能讨人喜欢，但能让那个经常把脏话挂在嘴边，曾当着比尔·盖茨的面把他正在开发中的 windows 操作系统形容为"这就是一坨屎"的乔布斯，说出"自己幸福得飞到了天上去""我们之间有过开心的日子、悲伤的日子，却从未有过坏日子"这种温柔语句形容的女人一定强大无比。

　　乔布斯人性化、生活化的那一面因劳伦诞生，也由劳伦成全。

### ·标签四：心机女

　　劳伦和乔布斯相识于斯坦福大学的一次讲座上，乔帮主是主讲人，劳伦是听众。乔布斯对她一见倾心，当场约了个饭局，约会结束后两人顺理成章在一起了。这个听起来还挺浪漫的爱情故事却被 Mac OS 的主要软件架构师安迪·赫茨菲尔德质疑为劳伦是有意安排了跟乔布斯的相遇。

　　赫茨菲尔德说："她（劳伦）的大学室友告诉我，劳伦收集有史蒂夫的杂志封面，发誓说她一定会遇到他。她人很好，但是可能会算计，我想她一开始就锁定了他。"虽然这件事被劳伦否认了，并说："我知道演讲人是史蒂夫·乔布斯，但我脑子里想的是比尔·盖茨，我把他们搞混了。"无论真相如何，对一个优秀、强大的女人来说，心机和手段未必是贬义词。

### ·标签五：贤惠妻子 + 灵魂伴侣

　　与很多事业有成却没能让自己家庭圆满的妻子不同，劳伦可谓事业家庭两不误。

乔布斯夫妇的住宅非常普通，以至于比尔·盖茨夫妇来做客时都会困惑地问："你们所有人都住在这儿？"当时的乔布斯已是世界闻名的亿万富翁，但他依然没有保镖，也没有住家的佣人，甚至白天都不锁后门。

就在这间让盖茨夫妇困惑的住宅里，夫妻二人把房子进行了翻新和改造，劳伦让后院变成了一个美丽的植物园，种满了花卉、蔬菜和香草。

作为贤惠的妻子，除了把家布置得相当温馨、舒适外，她也在乔布斯身患癌症时不离不弃守在他的身边照顾他、鼓励他。2004年乔布斯被确诊患上胰腺癌，医生宣布他只能活3至6个月，可半年后乔布斯却奇迹般地痊愈了。

乔布斯说这次"与死神擦肩而过归功于信奉佛教和妻子的帮助"。

"劳伦是最适合我的灵魂伙伴。"这是乔布斯亲口所言。这个"灵魂伴侣"大概是因为比起其历任女友来说，两人有很多相似的地方：他们俩都是素食主义者，都是日本文化迷，最重要的是劳伦作为斯坦福的MBA，他俩对于创建公司和对企业的理解都有很多相同点。用当下流行的话来说就是"三观"很合。

就连乔布斯深爱过的另一个前女友蒂娜都曾承认："他（乔布斯）喜欢她，爱她，尊重她，而且跟她在一起觉得很舒服……他能跟劳伦安顿下来真是太幸运了。她聪明，可以用智慧吸引他，可以包容他起伏多变的性格。"

因为懂得，所以才能长久、幸福。

劳伦虽然没有像比尔·盖茨的妻子梅琳达·盖茨和扎克伯格的妻子普莉希拉·陈那样被媒体曝光、热议和报道，但她的光环并没有因为不在聚光灯下就变得暗淡。优秀的妻子不会藏在成功男人的背后，而是与之并肩作战。"并肩作战"从来不是牺牲或成为附属，而是对等。

·标签六：我能包容你，但并不丧失自己的理性。

劳伦是乔布斯的贤妻和灵魂伴侣，但她对乔布斯的爱深情却不失客观。在劳伦看来，"乔布斯始终是个不懂得设身处地为他人着想的人，常常遗忘别人的生日和纪念日。"所以她会建议《史蒂夫·乔布斯传》的作者说："乔布斯确实改变了很多事情，但他仍然是个不考虑别人感受的人，要全面地展现乔布斯，不要只写他的某一方面。"

·标签七：我爱你，但不会让你成为我的全部，即便你是传奇。

乔布斯离世后劳伦一直郁郁寡欢，但她并没有让自己的事业、感情就此画上休止符。在乔布斯去世2年后，劳伦与美国华盛顿市前市长艾德里安·芬迪坠入了爱河。

无论多深爱，活着的人的生活总还要继续下去。

乔布斯功成名就时，劳伦低调得出奇；乔布斯对抗绝症时，劳伦不离不弃；乔布斯离世后，劳伦没有"躺在"功劳簿上靠着回忆来度过此生，而是在调整好后选择不留恋，翻开自己人生的新篇章。

成为成功男性背后的女人是不少女性所向往的，但如此成功的妻子不多，而在成功后，选择不留恋的女性更是寥若晨星。

不贪功、不追忆、不留恋的女性已是自带"高级感"了。

## 结束语

　　我很贪心，总想提炼出"高级感"中最重要的成分并习得一二。一边写着这些让我敬佩的女性一边思考，我终于明白：有"高级感"的女性千人千面，她们的魅力正是在于突破了诸多条条框框和枷锁，走出了一条不同寻常的道路。

　　画皮画虎难画骨，带有"高级感"的女性，只有轮廓可以描绘，但难用琐碎去填充。这正是她们迷人的地方。

　　愿我们都能找到自己的"骨"，在里面滋养更美妙的自己！

**图书在版编目（ＣＩＰ）数据**

一辈子很长，要活出高级感/吴静思著.— 北京：
中国友谊出版公司, 2019.8
ISBN 978-7-5057-4808-8

Ⅰ.①一… Ⅱ.①吴… Ⅲ.①女性－成功心理－通俗
读物 Ⅳ.①B848.4-49

中国版本图书馆CIP数据核字（2019）第185868号

| | |
|---|---|
| **书名** | 一辈子很长，要活出高级感 |
| **作者** | 吴静思 |
| **出版** | 中国友谊出版公司 |
| **发行** | 中国友谊出版公司 |
| **经销** | 北京时代华语国际传媒股份有限公司　010-83670231 |
| **印刷** | 唐山富达印务有限公司 |
| **规格** | 880×1230毫米　32开 |
| | 8.5印张　140千字 |
| **版次** | 2019年11月第1版 |
| **印次** | 2019年11月第1次印刷 |
| **书号** | ISBN 978-7-5057-4808-8 |
| **定价** | 46.00元 |
| **地址** | 北京市朝阳区西坝河南里17号楼 |
| **邮编** | 100028 |
| **电话** | （010）64678009 |